A. PARMENTIER

Les Métiers et leur Histoire

A. PARMENTIER
Les Métiers
et leur Histoire

"La Petite Bibliothèque"

Série B.   Histoire anecdotique.

Les Métiers et leur Histoire

Les Boulangers — Les Bouchers — Pâtissiers et Confiseurs — Les Épiciers — Maçons et Tailleurs de pierres — Les Tisserands — Les Drapiers — Tailleurs et Couturières — Les Médecins — Les Imprimeurs et les Libraires — Les Peintres, etc.

PAR

A. PARMENTIER

130 GRAVURES

Paris

LIBRAIRIE ARMAND COLIN

5, rue de Mézières

1908

INTRODUCTION[1]

Toutes les professions dont l'histoire est racontée brièvement dans ce volume existent encore aujourd'hui; mais elles ne sont plus exercées comme elles l'étaient autrefois. Il y a, en effet, de grandes différences entre la manière dont on travaillait autrefois et la façon dont l'industrie procède aujourd'hui.

De nos jours, qui veut devenir industriel ou commerçant a la liberté de fonder un atelier, d'installer une usine, d'ouvrir une boutique où il veut et comme il lui plaît; c'est à lui d'avoir l'argent, les connaissances, l'ordre, la ténacité, l'économie nécessaires au succès de son entreprise. Il emploie les procédés qu'il lui plaît; en un mot, il est maître chez lui, et n'a d'autre obligation que de respecter les lois de son pays ou de celui où il s'est établi.

Ce n'était point ainsi que les choses se passaient dans notre pays avant 1789. Pour devenir commerçant ou industriel, il fallait d'abord appartenir à une corporation. On appelait de ce nom l'association de tous les artisans ou de tous les commerçants qui exerçaient dans la même ville la

1. Les éléments de ce petit livre, où l'on se propose seulement de mettre à la portée des jeunes lecteurs ceux des faits de l'histoire de l'industrie et du commerce qui ont paru leur être le plus accessibles, ont été tirés des ouvrages de MM. Lavisse et Rambaud (Histoire générale), Levasseur, Fagniez, Franklin, Babeau, Chéruel, d'Avenel, etc.

même profession. Au moyen âge on employait plutôt le mot métier; on disait le métier de boulanger, le métier de boucher, et c'est pour cela que le livre où les statuts des corporations furent recueillis pour la première fois à la fin du règne de saint Louis porte le nom de « Livre des Métiers ». Ce mot dérive du mot latin « Ministerium » qui signifie service; tout à fait au début du moyen âge, vers le IXe ou le Xe siècle, les artisans et les marchands travaillaient pour le seigneur : ils faisaient son service ou, comme on disait dans le français du temps, son métier. Mais peu à peu ils s'affranchirent de cette servitude, et dès le XIIe siècle ils travaillaient pour eux-mêmes; comment s'est fait le passage de cette servitude à cette indépendance? On n'en sait trop rien, malgré les recherches de nos plus savants historiens.

Ce qui manquait le plus aux gens qui vivaient au moyen âge, c'était la sécurité; en ce temps-là, le roturier était toujours à la merci des violences d'un seigneur cupide; aussi, dans la ville, artisans et marchands jugèrent-ils bon de se grouper pour pouvoir au besoin se défendre les uns les autres : c'est de ce besoin de protection mutuelle que naquit la corporation. Puis, en ce temps-là, l'idée du privilège dominait toutes les autres; chacun prétendait se réserver à soi-même exclusivement le profit de son métier; les nobles prétendaient avoir seuls le droit de combattre à cheval; chaque artisan voulut être seul à avoir le droit d'ouvrir un atelier, chaque marchand voulut être seul à avoir le droit de tenir boutique, ou du moins n'admettre auprès de soi dans la pratique de son métier que des compatriotes ou des gens dont il fût sûr. De cette idée naquirent les règlements de la corporation relatifs au recrutement des artisans et des marchands. Enfin, un privilège qui n'est pas justifié devient odieux; il fallut donc faire des règlements destinés à assurer la qualité des objets fabriqués ou à garantir la valeur des objets vendus; de là, dans les statuts des corporations, ceux qui règlent, d'une manière qui nous paraît aujourd'hui étrangement abusive, les plus petits détails du travail.

La corporation comprenait les apprentis, *les* ouvriers ou valets, *et les* patrons ou maîtres. *L'apprentissage était obligatoire; il durait fort longtemps, parfois jusqu'à dix ans. En effet, au moyen âge, il fallait connaître toutes les branches d'un métier, parce que les artisans ne se bornaient pas à fabriquer telle ou telle partie d'un objet; puis l'artisan préparait lui-même ses outils et ne les achetait pas tout faits. L'apprenti vivait chez son patron qui l'instruisait, le logeait, le nourrissait, et le réprimandait au besoin, car il avait sur lui tous les droits d'un père. Il s'acquittait parfois trop bien de cette dernière obligation. De son côté, l'apprenti devait, dit-on dans un livre de la fin du XVII° siècle, « bien nettoyer et balayer la boutique et le devant de la porte; bien ramasser tous les outils des compagnons et tout ce qui se trouve traîner d'un côté ou d'un autre, tant au maître qu'aux compagnons... Il faut aussi que les apprentis se lèvent tous les jours les premiers et se couchent les derniers, car ce sont eux qui ouvrent et ferment la boutique.... Ils doivent en tout n'être point paresseux, ni désobéissants, car, sans cela, ils voient souvent leur temps fini et n'être encore que des ignorants ». Mais le même auteur recommande aussi aux maîtres de ne point leur faire laver la vaisselle, promener ou amuser leurs enfants, « attendu que cela n'est point ni dans leur engagement, ni dans les statuts du métier ou de l'art dont ils veulent faire profession ».*

Après ce long apprentissage, le jeune homme devenait ouvrier ou valet. Réunis sur la place publique, les valets attendaient qu'on vînt les embaucher, soit à la journée, soit à la semaine, soit à l'année. La journée de travail était très longue; elle durait le plus souvent du lever au coucher du soleil et variait par conséquent avec les saisons. Les ateliers étaient ouverts et fermés au signal donné par la cloche paroissiale ou par le crieur public qui parcourait les rues de la ville en criant les heures.

Jusqu'au XV° siècle, il ne fut pas très difficile de devenir maître, c'est-à-dire patron. « Quiconque veut être

de tel métier (c'est-à-dire appartenir comme maître à la
corporation), il le peut, pourvu qu'il sache le métier et ait
de quoi », lit-on fréquemment dans le *Livre des Métiers*.
Les autres maîtres demandaient donc simplement à leur
nouveau collègue d'attester par une sorte de petit examen
qu'il connaissait le métier, et quand le jeune homme avait
en outre acquitté une taxe au seigneur pour avoir le droit
de travailler à son profit et quelques redevances à la corporation, on lui lisait les statuts de la communauté; il y
prêtait serment, puis il régalait les anciens, et il était maître
à son tour.

A l'origine, les patrons d'une même profession étaient
associés pour être assurés qu'ils seraient seuls à pratiquer
ce métier. Ils ne voulaient pas non plus être trop nombreux.
A partir du XV⁰ siècle, ils imaginèrent d'empêcher l'ac-
croissement du nombre des maître. d'un même métier. Ils
interdirent aux ouvriers de devenir maîtres avant plusieurs
années; ils imposèrent à ceux qui voulaient s'installer
comme patrons l'épreuve d'un travail spécial, long, difficile
et coûteux. On donna le nom de compagnons à ceux des
ouvriers qui n'étaient pas encore maîtres, et on appela chef-
d'œuvre le travail spécial qu'ils devaient fournir. Ce qui
était très injuste, c'est qu'on n'imposait pas les mêmes conditions aux fils des maîtres; ainsi, chez les boulangers, le
compagnon qui voulait devenir maître devait convertir en
différentes sortes de pâtes et de pains trois grandes mesures
de farine, tandis que le fils du maître n'était tenu de faire
des gâteaux très simples qu'avec une petite mesure de farine,
et cela dans la maison même de son père. On voit que
les maîtres faisaient tout leur possible pour transmettre
par héritage leurs maisons à leurs enfants, et constituer
ainsi une sorte d'aristocratie patronale. D'autre part, ils
voulaient éviter toute concurrence. Il y a beaucoup de
métiers qui ne diffèrent pas beaucoup les uns des autres;
chaque métier surveillait jalousement le métier voisin pour
l'empêcher d'empiéter sur sa partie, et c'était alors des
procès sans fin. Il y en a quantité d'exemples dans l'histoire

des métiers; en voici un entre mille. Il y avait à Paris, au moyen âge, une corporation appelée les chaussiers, qui fabriquaient des espèces de caleçons; ils ne faisaient que le neuf. Mais, à côté d'eux, il y avait le fripier qui revendait aux pauvres gens les chausses défraîchies et abandonnées par leurs propriétaires. Les fripiers s'avisèrent ingénieusement de plier soigneusement ces vieilles chausses et de les relustrer, et ils leur donnèrent ainsi l'apparence de chausses neuves. Les chaussiers protestèrent; on leur faisait tort; ils portèrent leur démêlé avec les fripiers devant le prévôt de Paris qui leur donna raison. Seuls désormais ils eurent le droit de plier les chausses et de les étaler dans leurs boutiques, et les fripiers durent suspendre leurs marchandises à des clous, sans avoir fait autre chose que les brosser et repriser.

Pour justifier leur privilège, les membres de la corporation surveillaient attentivement le travail. De là une foule de prescriptions rigoureuses dont la principale était l'interdiction du travail de nuit; « la clarté de la nuit n'est mie suffisante, dit naïvement le Livre des Métiers, *pour qu'ils puissent faire bonne œuvre et loyale ». Dans quelques métiers, on indiquait minutieusement à l'ouvrier les règles qu'il devait suivre. A la fin du XVIe siècle, dans la corporation des coffretiers malletiers, les statuts prescrivaient la hauteur, la largeur, la profondeur des malles, la nature du bois ou du cuir qui y seraient employés, le nombre, la largeur et l'épaisseur des bandes métalliques dont elles seraient munies, la forme, le nombre, le métal des serrures et des anneaux qui seraient apposés, le nombre, la nature et le cuir des courroies qui y seraient attachées, etc.*

Le contrôle de toute cette fabrication appartenait aux jurés qui administraient toute la communauté. Élus le plus souvent par la corporation réunie en assemblée, ils avaient pour devoir de visiter les ateliers, de contrôler la qualité des objets fabriqués ou vendus, de saisir le mauvais ouvrage ou la mauvaise marchandise. Ils servaient d'arbitres dans les différends entre les membres du métier, ils

*administraient les revenus de la corporation, et souvent,
avec ces fonds, ils entretenaient des fondations charitables;
c'est ainsi que les corroyeurs de robe de vair*[1] *de Paris
créèrent une société de secours mutuel pour venir en aide
aux malades et aux chômeurs.*

A côté de la corporation, il y avait la CONFRÉRIE. *C'était
une association religieuse et charitable qui comprenait en
général tous les maîtres de la profession. Les membres de
la confrérie entretenaient le plus souvent une chapelle dans
une église; ils y faisaient dire des services en l'honneur du
patron de la corporation, car chaque corporation se recom-
-mandait de celui des nombreux saints du christianisme qui
avait pratiqué la profession à laquelle se rattachait la confrérie. Ainsi, pour nous en tenir à quelques-unes des corporations dont on trouvera l'histoire dans ce petit volume, les
boulangers avaient pour patron saint Honoré, les maçons
saint Blaise, les chirurgiens saint Côme et saint Damien,
les pâtissiers saint Michel, les chaudronniers saint Maur
et saint Fiacre; saint Louis avait été adopté comme patron
par les merciers et les barbiers, et saint Nicolas recevait
les hommages des drapiers, des apothicaires et des épiciers.*

*Souvent ces confréries ornaient la chapelle de vitraux en
bas desquels elles faisaient représenter par le peintre les
outils ou la pratique de leur profession et c'est à cet usage
que nous devons la plupart de nos représentations du travail au moyen âge. Les confréries assuraient encore des
funérailles solennelles et des services aux membres défunts;
elles assistaient les malades et recueillaient les orphelins.*

*En leur temps, les corporations rendirent de grands
services; elles garantissaient leurs profits et leurs salaires
aux maîtres et aux ouvriers; elles formaient des artisans
qui connaissaient à fond leur métier; elles prévenaient les
conflits à l'intérieur du métier; elles facilitaient la bonne
entente entre les patrons et les ouvriers, qui ne différaient*

---

1. Le vair est une fourrure faite avec la peau d'un écureuil, qui
fut très en usage pendant tout le moyen âge.

pas beaucoup les uns des autres et qui, vivant constamment en commun, apprenaient à se connaître et s'apprécier; elles allégeaient la misère des indigents et les souffrances des malades; enfin, autant que possible alors, elles contraignaient artisans et marchands à travailler honnêtement.

Mais, au fur et à mesure qu'elles s'éloignèrent de leurs origines, elles eurent beaucoup d'inconvénients. Nul ne les a fait mieux connaître que le grand ministre de Louis XVI, Turgot, qui entreprit de détruire ces associations, parce qu'il les trouvait surannées. Suivant lui, elles étaient devenues nuisibles à l'industrie et au commerce parce qu'elles empêchaient d'utiles inventions de se produire. Elles privaient par conséquent le public du bénéfice des améliorations qui pouvaient être apportées dans la production des objets utiles à la nation. En interdisant la concurrence, elles rendaient impossible l'abaissement du prix des denrées. Enfin, elles étaient devenues tyranniques dans leur organisation; elles ôtaient à peu près tout espoir à l'ouvrier pauvre d'améliorer sa condition et de devenir patron à son tour. Ce furent toutes ces considérations qui déterminèrent le roi et le ministre à supprimer la plupart de ces communautés et à proclamer la liberté du travail. Mais cette mesure excellente terrifia les patrons, qui perdaient leur privilège, et elle ne paraît pas avoir été très bien comprise des ouvriers eux-mêmes. Le roi ne soutint pas son ministre, qui dut quitter le pouvoir; les corporations furent rétablies; mais elles disparurent définitivement en 1791. Depuis ce temps, l'industrie et le commerce sont libres, alors qu'avant 1789 ils étaient soumis à toutes sortes de règlements.

L'autre grande différence entre les conditions du travail avant et après 1789, c'est l'outillage; mais il est moins nécessaire d'insister sur cette différence dans cette Introduction, parce qu'elle apparaîtra facilement au cours de ce petit livre. Il suffira donc de rappeler que la vapeur et l'électricité ont transformé les procédés de la plupart des industries modernes; que les ouvriers travaillent maintenant groupés par milliers dans des usines qui occupent parfois *plus de place qu'un gros village au XVIIIᵉ siècle; que par suite les patrons et les ouvriers ne se connaissent plus; que, d'autre part, la facilité des transports a permis l'entassement des produits fabriqués par l'industrie ou des denrées des pays les plus éloignés dans des magasins qui sont aussi grands et presque aussi luxueux que les palais de nos anciens rois.*

Au contraire, autrefois, le travail se faisait à la main dans presque toutes les industries; les ateliers étaient petits, les ouvriers étaient peu nombreux; l'outillage était simple; il n'y avait pas grande différence entre les patrons et les ouvriers; les boutiques des marchands étaient étroites et sombres; elles contenaient peu de denrées; mais beaucoup de produits coûtaient fort cher, parce qu'il fallait les faire venir de loin à grand prix.

On exprime toutes ces différences brièvement en disant qu'autrefois on vivait sous le régime de la petite industrie et du petit commerce, tandis qu'aujourd'hui on vit sous le régime de la grande industrie et du grand commerce.

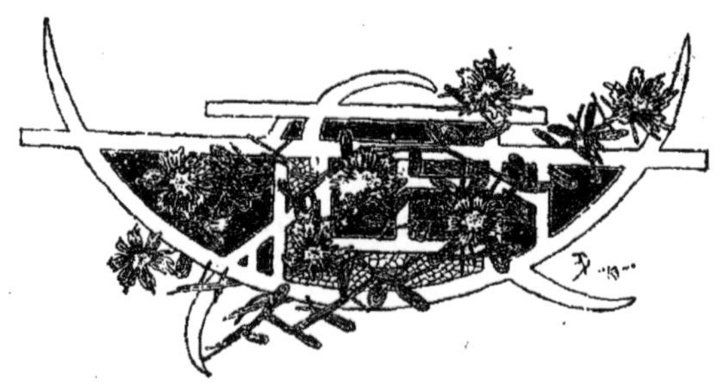

Les Boulangers.

ARMOIRIES DES BOU-
LANGERS.

L'usage du pain fut introduit en Gaule, dit-on, par les Phocéens ; mais, pendant longtemps, le pain fut préparé par les femmes dans l'intérieur des ménages, comme cela se fait encore aujourd'hui dans quelques campagnes.

Quand la Gaule fut devenue romaine, il se forma dans les grandes villes des boulangeries, où l'on vint chercher le pain tout préparé ; mais, au temps des Mérovingiens, cet usage disparut, et il faut atteindre le xie et le xiie siècles pour retrouver des artisans uniquement occupés à faire du pain.

On les appelait alors *talmeliers* parce qu'ils se servaient d'un tamis pour séparer la farine du son ; de tamis, on fit tamisiers et par corruption talmeliers ; on les nomma aussi *boulangers*, à cause de la forme de boule qu'ils donnaient au pain qu'ils cuisaient, et c'est ce nom qui a prévalu.

Les boulangers de pain formaient une corporation qui avait pour chef un des premiers seigneurs de l'entourage des rois, le grand panetier. C'était devant

LA MISE AU FOUR.
(Cathédrale de Bourges.)

lui, ou plutôt devant son représentant que se faisait la curieuse cérémonie par laquelle un ouvrier acquérait le droit de devenir patron ou, comme on disait alors, de maître.

Entouré de ses futurs confrères, le nouveau talmelier s'en allait trouver le lieutenant du panetier ; il avait à la main un pot de terre neuf rempli de noix et d'oublies. Arrivé devant ce personnage : « Maître, lui disait-il en lui remettant son pot, ses noix, ses oublies, j'ai fait et accompli mes quatre années d'apprentissage. — Est-ce vrai? » répondait le maître en se tournant vers les compagnons du candidat, et, sur leur réponse affirmative, il restituait au nouveau talmelier le pot, les noix et les oublies, et lui ordonnait d'aller jeter dehors tout cet attirail bizarre. Puis l'on rentrait dans la maison, pour boire une rasade au chaud : car cette cérémonie n'avait lieu qu'une fois l'année, le premier dimanche après le jour de l'an ; et c'était l'assistance qui payait les frais de cette petite fête.

SCEAU
DE LA CORPORATION.

Les boulangers d'autrefois faisaient toutes sortes de pains ; on ne compte pas moins de soixante variétés de pains : ils différaient par la forme ou par la façon.

Un des pains préférés de nos pères était un pain qu'on faisait avec du beurre et du lait; on l'appelait le pain mollet; on fait encore aujourd'hui cette sorte de pain dans quelques-unes de nos provinces; mais ce n'est plus qu'un gâteau réservé aux jeunes enfants.

De toutes les industries, la boulangerie est une de celles qui se sont le moins modifiées depuis le moyen âge. Le maître brigadier d'aujourd'hui en-

BOULANGERIE DU TEMPS DE LOUIS XIV.
(D'après une gravure du xviiᵉ siècle.)

fourne encore la pâte comme on voit faire aux bou-

UNE BOULANGERIE AU XVIIIᵉ SIÈCLE.
(D'après une estampe de l'*Encyclopédie*.)

langers du xiiie siècle sur les vitraux de nos vieilles
cathédrales, ou à ceux du xviiie siècle dans les des-

LE BRIGADIER.

sins de l'*Encyclopédie* de ce siècle. Plus d'une boulangerie de nos petites villes ressemble à s'y
méprendre à une boutique de boulanger parisien
sous le règne de Louis XIV. Cependant, de nos
jours, quelques grandes usines se sont établies

pour cuire le pain d'une façon plus scientifique, et il est à souhaiter qu'il s'en fonde un grand nombre, car le pain préparé par des machines est à la fois plus sain, plus propre et plus appétissant que le pain cuit à la manière de nos pères.

Les Bouchers.

ARMOIRIES
DES BOUCHERS.

Parmi nos anciens métiers, les bouchers paraissent avoir été organisés en corporation de bonne heure : car on les voit ainsi constitués dès le milieu du xii° siècle.

Ils formèrent vite une corporation puissante ; on y était boucher de père en fils. Les maîtres choisissaient l'un d'entre eux comme chef élu à vie, sous le titre sonore de « maître des maîtres bouchers ». Il était le juge de tous les différends survenus entre les membres de la profession. Si l'on en croit une vieille ordonnance de 1381 relative à cette industrie, messieurs les bouchers n'y allaient pas d'ailleurs entre eux de main morte. Ceux qui manquaient au règlement du métier voyaient leurs étaux jetés à terre par les « écorcheurs », et s'ils persistaient à résister aux décisions du maître des maîtres, celui-ci pouvait ordonner que le délinquant fût saisi, dépecé (ce qui était bien un châtiment de boucher), brûlé ou jeté à l'eau.

Ceci n'empêcha pas les abus de se glisser de bonne heure dans la corporation ; nous savons ainsi qu'au xiv⁰ siècle, on faisait « maîtres » des fils de bouchers à l'âge de sept à huit ans, pour permettre à leurs parents de s'approprier le profit de l'étal ouvert sous le nom de leurs enfants ; or, on ne voit vraiment pas bien un petit boucher de huit ans.

BOUCHER AU XII⁰ SIÈCLE.

(D'après un vitrail
de la cathédrale de Chartres.)

A Paris, pendant long-temps, les bouchers furent tous groupés au même endroit ; ce fut d'abord, et jusqu'au début du xiii⁰ siè-

L'APPORT-PARIS.

cle, sur le parvis Notre-Dame qu'ils se tinrent ; de là, ils transportèrent leur étaux à l'Apport de

Paris, qui se trouvait auprès du Grand Châtelet ;
ils y vendaient la viande des bêtes qu'ils tuaient
derrière leurs étaux, et une ordonnance de 1416
se plaint que « l'eau de la rivière de Seine soit
corrompue et infectée par le sang et autres immon-
dices des bêtes jetés en ladite rivière ». A la vente
de la viande, les bouchers joignaient alors celle du
poisson d'eau douce et du poisson d'eau de mer.

La corporation des bou-
chers a tenu un moment
une place importante dans
notre histoire politique
du xvᵉ siècle. Sous le règne de Charles VI, au
moment où la France était
partagée entre les parti-
sans du duc de Bour-
gogne, Jean sans Peur,
et ceux du dauphin de
France, qu'on appelait les
Armagnacs, les bouchers
parisiens se rangèrent du

JEAN CABOCHE.

côté du duc de Bourgogne. Ils prétendaient remettre
l'ordre dans le royaume à leur façon et, sous la
conduite d'un d'entre eux, Jean Caboche, ils mas-
sacrèrent la plus grande partie des Bourguignons
qui se trouvaient alors à Paris. Mais bientôt le
duc fut forcé de s'éloigner de la capitale ; les Armagnacs y rentrèrent et firent payer cher aux bouchers
leurs violences ; la corporation perdit tous ses privilèges, qui lui furent rendus d'ailleurs quelques
années après

Le commerce de la boucherie s'est fort modifié de

BOUCHERIE SOUS LA RESTAURATION.

BOUCHERIE MODERNE (ÉTABLISSEMENTS DUVAL).
(D'après une photographie.)

notre temps : les boucheries du début du xixe siècle

étaient encore petites et sales, celles d'aujourd'hui sont au contraire, dans nos grandes villes, et parti-

GARÇON BOUCHER.

culièrement à Paris, propres et coquettes ; quelques-unes même sont luxueuses. Depuis 1810, les bêtes sont tuées dans des édifices spéciaux qu'on appelle abattoirs ; l'on emploie, pour tuer les pauvres bêtes

dont nous consommons la chair, des procédés qui
rendent leur mort presque instantanée. Leur viande
est ensuite ramenée à la boucherie, et l'on a souvent
dans nos rues parisiennes le spectacle pittoresque
d'un robuste gaillard portant sur ses solides épaules,
de sa voiture à la boutique de son patron, la moitié
du corps d'un énorme bœuf.

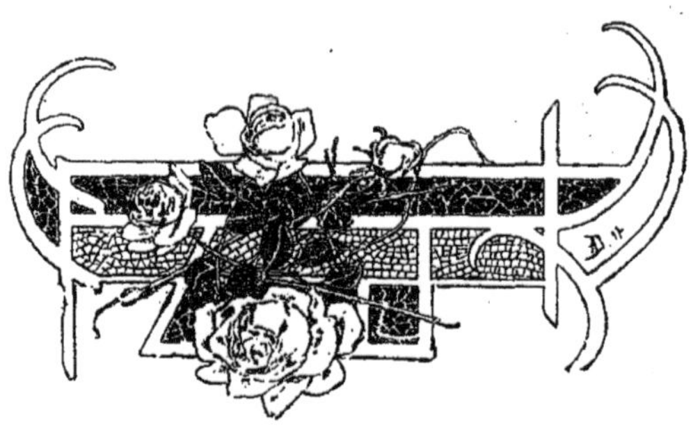

Pâtissiers et Confiseurs.

ARMOIRIES
DES PATISSIERS.

Pour les enfants d'aujourd'hui, les pâtissiers sont des industriels qui font les gâteaux. Pour nos pères, plus fidèles que nous au sens premier du mot, c'étaient ceux qui font les pâtés, et pas toujours honnêtement, si l'on en croit le vieil auteur, Jean de Garlande, qui, au XIIIᵉ siècle, écrivait ces curieuses lignes : « Les pâtissiers s'enrichissent en vendant des pâtés de viande de porc, de volaille et d'anguille, relevés de poivre; des tartes et des flans farcis de fromage mou, d'œufs frais et souvent d'œufs pourris. »

Les gourmands voulaient-ils d'autres gâteaux? ils s'adressaient aux *faiseurs d'échaudés*

ARMOIRIES DES
FABRICANTS
DE PAINS D'ÉPICES.

Qui sont aux œufs et au beurre pétris,

aux *fouariers*, aux *gasteliers*, aux *gaufriers* qui relevaient leurs gaufres de fromage, aux *mériliers* qui faisaient les gâteaux que nous appelons *plaisirs*, peu différents des *oublieurs* qui, pour être reçus maîtres, devaient faire en un jour mille de ces pâtes légères qu'on appelait *oublies*, aux *pains d'épicier*, aux *tartiers*, etc.

A la fin du XVIIIᵉ siècle, tous ces métiers ne formaient plus qu'une seule corporation : les pâtissiers-oublieurs-faiseurs de pain à chanter.

Jusqu'à nos jours, les pâtissiers furent presque autant cuisiniers que fabricants de gâteaux. Au XVᵉ siècle, ils se chargeaient de fournir dans un repas les pâtés, les tourtes, les entrées et les desserts. Souvent, au XVIIᵉ et au XVIIIᵉ siècles, la boutique se transformait en cabaret, et l'on voit, par la vue que nous donnons d'une pâtisserie au XVIIIᵉ siècle, qu'avec son grand four, avec ses tables où l'on prépare les pâtés, cette boutique ressemble

GARÇON PATISSIER AU XVIIᵉ SIÈCLE.
(D'après une gravure d'Abraham Bosse.)

plus à une rôtisserie qu'aux coquettes salles où les belles dames de notre temps viennent avec leurs enfants déguster dans l'après-midi quelques gâteaux alléchants.

Nos pâtissiers actuels ressemblent plutôt aux confiseurs d'autrefois. On les définissait avant 1789 « ceux qui font et vendent des confitures sèches et liquides, sirops, dragées, gelées, marmelades et principalement toute espèce de fruits secs et confits ». Paris excella de tout temps dans cet art. Dès le XVIᵉ siècle, les

JETON DE LA CORPORATION.

UNE PATISSERIE AU XVIIIe SIÈCLE.
(Fragment d'une estampe de l'*Encyclopédi*

principaux confiseurs étaient groupés près des
Halles dans la rue des Lombards ; là se trouvaient
deux maisons célèbres entre toutes, *Le Fidèle Berger*
et le *Grand Monarque*. Cette dernière avait l'habitude d'exhiber à son public aux environs du jour de
l'an des pièces montées d'un travail compliqué. En
1780, elle exposa un combat naval ; en 1781, on vit
représenter « les cérémonies qui se sont observées à
la naissance du Dauphin », où figuraient tous les

UNE CONFISERIE AU XVIIIe SIÈCLE.

princes, toutes les princesses de la cour. Il n'y a
plus guère aujourd'hui que dans les pâtisseries de
province que ce plaisant usage s'est conservé.

Confiseurs et pâtissiers du temps jadis seraient cer-
tainement fort satisfaits, s'ils revenaient parmi nous,
de voir que la gourmandise n'a rien perdu de son
pouvoir et qu'on fabrique aujourd'hui non moins de
gâteaux et de bonbons qu'à l'époque où ils vivaient ;
mais ils seraient assurément bien étonnés, s'ils péné-
traient dans une usine de fabrication des dragées, de
voir, dans la confection de ces friandises, substituées
aux doigts exercés des ouvriers, aux mains mala-
droites des apprentis, de puissantes machines mues

par la vapeur. Bonbons pralinés, chocolats variés, etc.,
tout cela se fabrique aujourd'hui dans de vastes

FABRICATION DES ŒUFS DE PAQUES.

usines, et le pâtissier ne fait que les gâteaux ou les
plats qui doivent être immédiatement consommés.

Les Épiciers.

Le mot *épices*, au moyen âge, désignait des produits rares venus d'Orient, tels que le sucre, le poivre, la cannelle, le gingembre, le clou de girofle, etc. ; il désignait aussi les dragées, les confitures, les fruits confits, etc. Ces produits étaient fort recherchés, parce qu'on leur attribuait toutes sortes de vertus médicales ; en particulier, on les servait à la fin du repas pour réveiller l'appétit ou stimuler la digestion.

On appelait *épiciers* ceux qui vendaient ces produits, et, comme ces friandises servaient autant de remèdes que de condiments, les épiciers furent longtemps associés aux apothicaires ; apothicaires et épiciers ne formaient qu'une corporation. Les membres de cette communauté ne vendaient qu'en gros ; d'où le nom de *grocery* encore appliqué en Angleterre à ce commerce.

En réalité, l'épicier de ce temps-là, au sens où nous entendons le plus souvent ce mot aujourd'hui, c'était le *regrattier*. Chez lui, on trouvait en effet « du pain, du sel, des œufs, du fromage, des légumes, du poisson de mer, de la volaille et du gibier; des oignons, des aulx et des échalottes ; des fruits, poires, pommes, raisin, dattes, figues ; des épices, cumin, poivre, réglisse, cannelle, etc. » Vous remarquerez que dans cette énumération ne figure pas le sucre ; c'était en effet une denrée trop coûteuse pour le pauvre client du regrattier. En résumé, le regrattier était le détaillant ; l'épicier, le marchand de gros.

JETONS DE LA CORPORATION.

A la fin du xve siècle, les apothicaires se déta-

UNE ÉPICERIE VERS 1778.

chèrent des épiciers ; cette séparation ne fut d'ailleurs officiellement reconnue qu'à partir de 1514. Ils emportaient avec eux le commerce des épices proprement dites. Qu'allaient donc vendre leurs confrères qui, tout en gardant le nom d'épiciers, n'avaient plus guère d'épices à vendre?

Ils se rabattirent sur le commerce des denrées en gros, et ils élargirent sans cesse de produits nouveaux le stock de leurs approvisionnements. En 1610, ils furent autorisés à vendre le fer ouvré et non ouvré, puis le charbon de terre; un siècle après, on leur reconnaissait le droit de vendre le ratafia, l'eau de senteur, les fruits à l'eau-de-vie, le café, le thé. En 1740, ils adjoignent à leurs autres commerces celui des légumes secs, puis c'est le tour des jambons et des viandes salées.

Mais il leur fallait prendre beaucoup de précautions pour ne pas provoquer la jalousie des corporations qui vendaient les

ÉPICIER DE 1830.
(D'après un croquis de Gavarni.)

produits similaires aux leurs; sinon, gare aux procès! Ils se rappelaient qu'ils étaient négociants en gros : pour ne point effaroucher les limonadiers, ils ne vendirent le ratafia qu'en bouteilles; pour ne point provoquer l'indignation des charcutiers, ils ne vendirent le jambon et les viandes salées qu'en de grosses quantités, et ils firent de même pour leurs autres produits jusqu'à la Révolution qui leur rendit la liberté de vendre soit en gros, soit en détail. Ils avaient su d'ailleurs conserver leur place dans l'aristocratie du commerce parisien, car, jusqu'en 1784, ils firent partie des Six-Corps; dans les cérémonies, ils occupaient le second rang, immédiatement après messieurs les Drapiers.

On voit donc que les épiciers étaient gens de ressources ; aussi n'y a-t-il rien de plus sot que le discrédit attaché par les écrivains romantiques, au début du xixe siècle, à cette profession. Le terme d'épicier devint pour eux synonyme d'esprit borné et étroit et ils n'eurent point pour leurs adversaires d'injure plus sanglante. Les artistes se mirent de la partie et ils se plurent à donner au commerçant l'allure et le trait d'un parfait imbécile ; voyez plutôt le croquis du grand caricaturiste Gavarni.

Cependant, parmi ces imbéciles, il y eut quelques hommes avisés qui comprirent les changements survenus dans le goût de la clientèle et qui surent leur donner satisfaction. Alors se formèrent, dans la seconde moitié du xixe siècle, les vastes épiceries, qui sont comme un musée de l'alimentation moderne. A l'épicerie du

UNE ÉPICERIE SOUS LOUIS-PHILIPPE (d'après une lithographie de Bourdet).

ÉPICERIE MODERNE (ÉTABLISSEMENTS POTIN A PARIS).
(D'après une photographie.)

xviii⁰ siècle, avec ses produits rangés sur des planches au-dessus du comptoir, à la boutique étroite
et obscure de l'épicier du règne de Louis-Philippe,
où voisinent les matières les plus diverses dans
un désordre souvent nauséabond, ont succédé de
vastes galeries, éclairées le soir à la lumière élec-
trique, où un peuple de jeunes gens, vêtus de
longues blouses blanches, trouve sans peine, à
cause de l'ordre parfait qui règne dans les établissements, les produits les plus disparates récla-
més par la foule des clients.

Parmi ces imbéciles, il se trouva aussi des gens de
cœur, témoin ce grand épicier parisien qui, pendant
le siège de Paris, continua à vendre les produits de
ses magasins au même prix qu'avant l'investissement
de la capitale, sans chercher à réaliser les énormes
bénéfices qu'il aurait pu faire sur ses marchandises,
que les consommateurs se disputaient et qu'il eût pu
vendre aux prix les plus élevés.

Les Maçons et les Tailleurs de pierre.

ARMOIRIES DES MAÇONS.

Bien que, de tout temps, l'on ait beaucoup construit en France, l'histoire ne nous apprend pas grand'chose des bons travailleurs qui ont édifié nos palais, nos cathédrales ou nos hôtels de ville.

Au moyen âge, la même corporation comprenait les *maçons*, les *tailleurs de pierre*, les *plâtriers* et les *morteliers ;* les uns et les autres étaient sous la surveillance du *maître maçon* qui dirigeait la construction du roi. En ce temps-là, les mots maçon et tailleur de pierre avaient un sens plus étendu que de nos jours ; le terme de maçon désignait fréquemment l'architecte, et le tailleur de pierre était souvent un sculpteur, parfois aussi un entrepreneur. C'est ainsi qu'on voit en 1287 maître Étienne de Bonneuil, tailleur de pierre, passer un contrat avec dix ouvriers pour les emmener avec lui construire la cathédrale d'Upsal en Suède.

Il y avait alors souvent d'amusants usages sur les chantiers de construction. D'après un curieux récit de l'édification d'un des grands collèges parisiens au xiv⁰ siècle, le collège de Beauvais, les maçons réclamèrent le jour de carême, comme dédommagement d'un travail ininterrompu depuis plusieurs mois, une « courtoisie, à savoir la chair d'un mouton à manger ensemble ». Le jour de l'Ascension, on fit

MAÇONS, TAILLEURS DE PIERRE, ETC.
(Cathédrale de Chartres.)

mieux encore; on réunit dans un grand banquet tout le chantier, maîtres, compagnons et apprentis ; on y convia les parents avec leurs enfants : les boursiers du collège y assistaient également, et enfin le directeur de l'entreprise, le grand architecte, Raymon du Temple, vint honorer le banquet de sa présence, « avec sa femme et plusieurs autres personnes ».

Sans avoir aujourd'hui une signification aussi étendue qu'au moyen âge, le mot maçon désigne encore pour ceux qui ne sont pas du métier un grand nombre de travailleurs différents. On compte parmi eux jusqu'à vingt catégories distinctes, parmi lesquelles on remarque de préférence les « *limousinans*, qui construisent les murs en moellons ou en meulières, les *briqueteurs*, qui font les cheminées, les *cimentiers*, qui n'emploient que le béton ; les *maçons* proprement dits ne travaillent que le plâtre, les uns ne font que les moulures, les autres préparent les plafonds, etc. De même chez les tailleurs de pierre, chacun a sa spécialité.

UN ÉCHAFAUDAGE MODERNE.

En apparence, ce métier ne s'est pas beaucoup
modifié ; et cependant, là encore, plus d'un changement s'est produit, grâce à l'introduction de machines
ou grâce à des pratiques nouvelles. On ne voit plus

CONSTRUCTION D'UNE CATHÉDRALE AU XV⁰ SIÈCLE.
(D'après une miniature de Foucquet.)

que rarement de nos jours, comme autrefois, des
ouvriers placés le long d'une échelle, le dos tourné
aux échelons, se passer les briques les uns aux autres
depuis le bas jusqu'en haut de la construction ; ce
sont aujourd'hui des treuils qui hissent tous les
matériaux, qu'on peut entasser en plus grande quantité sur des échafaudages plus solidement construits.

On apporte maintenant à l'édifice en construction les pierres de taille toutes préparées et prêtes à être posées à leur place sans hésitations : aussi ne voit-on plus ces chantiers qui empiétaient sur la rue et

UN CHANTIER DE CONSTRUCTION AU XVIIIe SIÈCLE.
(D'après une estampe de l'*Encyclopédie*.)

gênaient la circulation ; nos oreilles ne sont plus torturées par le grincement de la scie des tailleurs de pierre. Le résultat, c'est que l'on construit de notre temps beaucoup plus vite qu'autrefois, et qu'il ne faut plus, pour élever le gros œuvre des formidables maisons parisiennes, que quelques mois au lieu de quelques années.

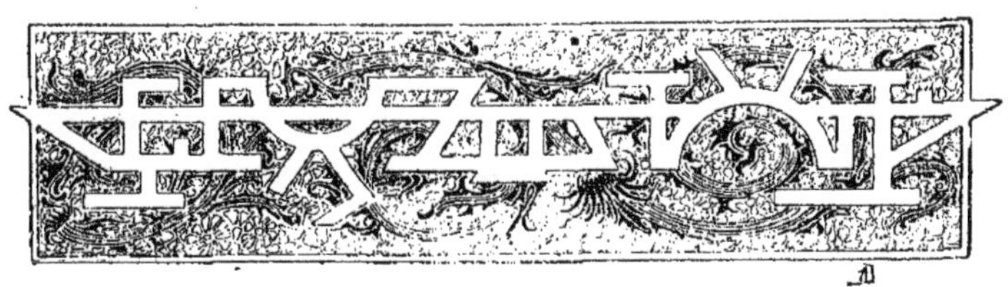

Les Tisserands.

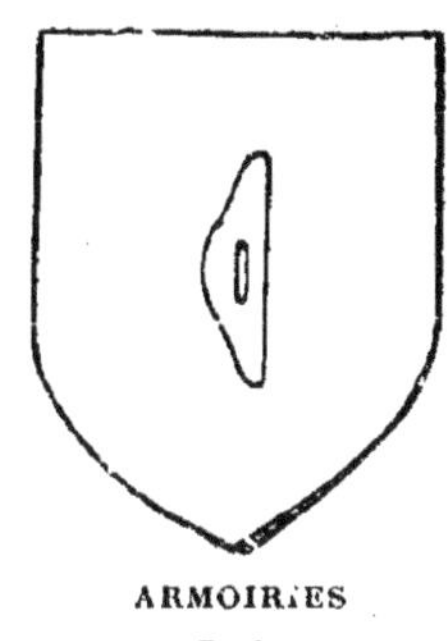

ARMOIRIES
DES
TISSERANDS DE PARIS.

Chez les Grecs et les Romains, le tissage était réservé aux femmes ; mais, au moyen âge, ce métier fut pratiqué par les hommes, qui se faisaient parfois aider, il est vrai, par des femmes.

Ce fut un des métiers les plus répandus à cette époque ; on distinguait deux sortes de tisserands, les *tisserands toiliers* et les *tisserands drapiers, futainiers, basiniers,* qui fabriquaient soit le drap, soit les divers lainages.

C'était un triste métier que celui de tisserand de toile ; pour faciliter le travail, il est bon de tisser au frais ; aussi les ouvriers travaillaient-ils le plus souvent dans des caves humides, où l'on descendait de la rue par quelques marches ; la salle où étaient les métiers, deux en général, était petite et mal éclairée. C'était le plus souvent, au moyen âge, l'occupation de pauvres gens, qui, tout le jour, restaient assis occupés à entrelacer les fils qui composent le tissu. Ils de-

ARMOIRIES
DES TISSERANDS
DE TOULON.

vaient, à Paris, donner à leurs toiles les dimensions déterminées par l'étalon officiel. C'était une verge de fer, ayant la longueur du côté des nappes de la

TISSERANDS DE LA VILLE D'YPRES.
(D'après une miniature du xive siècle.)

table royale. Il y avait à Paris un grand nombre de tisserands groupés dans une rue qui, suivant l'usage, portait le nom de l'industrie qu'exerçaient ces ouvriers. C'était la rue de la Tixeranderie; elle était voisine de l'Hôtel de Ville actuel. Paris n'était pas cependant la grande ville du tissage; les tisserands étaient nombreux surtout dans le nord de la France et dans les Flandres. Puis, quand l'industrie de la soie eut été introduite dans notre pays, il y eut beaucoup de ces ouvriers à Lyon.

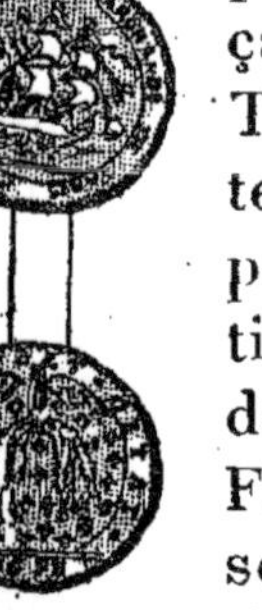

JETON DE LA CORPORATION.

Jusqu'au début du xviie siècle, cette industrie ne se modifia guère; c'est seulement alors que quelques perfectionnements furent introduits dans la fabrication des métiers. Au xviiie siècle,

l'habile ingénieur Vaucanson, puis, au début
du xix⁰, l'ouvrier lyonnais Jacquard, inventèrent

INTÉRIEUR D'UN TISSERAND AU XVI⁰ SIÈCLE.

des métiers mécaniques qui simplifiaient le travail.

Mais déjà depuis quelques années en Angleterre,
pays où depuis le xvi⁰ siècle on pratiquait l'art du
tissage, on avait commencé de substituer à la
machine à filer mue par l'homme des machines
actionnées par la vapeur. Cette ingénieuse invention

passa en France sous le premier Empire, et à partir de

MÉTIER JACQUARD.

ce moment le tissage à domicile commença à décliner.

USINE DE FILATURE A MOYENMOUTIER (Vosges).

Aujourd'hui, il n'y a plus que dans quelques campagnes que l'on trouve encore quelques métiers à main. Le tissage se fait dans de vastes usines où un nombreux personnel d'ouvriers surveille de puissantes machines. Cette industrie, qui était autrefois le type de la petite industrie, est devenue aujourd'hui, au contraire, une des formes prépondérantes de la grande industrie.

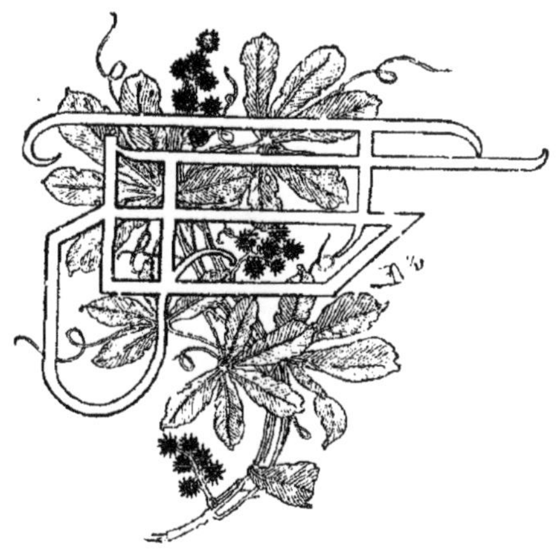

Les Drapiers.

ARMOIRIES DES DRAPIERS.

C'était une des plus puissantes corporations d'autrefois; d'ailleurs, notre pays a toujours excellé dans la fabrication du drap. La Gaule romaine était déjà célèbre par cette industrie; les Belges tissaient de grosses étoffes, solides et chaudes, Langres faisait des manteaux à capuchon, très recherchés par les travailleurs à cause de leur commodité; dans les deux villes d'Arras et de Tournai, il y avait des ateliers où l'on préparait, pour les soldats de l'armée impériale, d'épais manteaux de laine. Aussi, parmi les bas-reliefs qui décorent les tombeaux des Gallo-Romains, voit-on souvent représenter des scènes relatives à l'industrie du drap.

La corporation apparaît déjà solidement organisée dès la fin du xiie siècle; les membres de cette corporation se succédaient volontiers de père en fils dans l'exercice de cette profession, et il se constitua ainsi une sorte d'aristocratie de grands drapiers. A Paris, les drapiers tenaient le premier rang dans la bour-geoisie laborieuse ; nous sa-vons qu'en 1313 les trois plus riches commerçants de la capitale étaient trois dra-piers. Au xve siècle, ils se faisaient construire de splen-dides hôtels, dont la richesse indignait les grands sei-gneurs ; leurs femmes al-laient par les rues de la ville dans des chars luxueux atte-

TONDEUR DE DRAP.
(Musée de Sens.)

lés de quatre chevaux. On vit même quelques-uns de ces riches commerçants parvenir aux fonctions publiques ; sous le règne de Charles VII, Richard de Bellay, très riche drapier parisien, devint maître des re-quêtes, puis l'un des prési-dents de la chambre des Comp-tes.

Ces riches négociants pou-vaient même se donner le luxe d'être charitables. Un règlement de 1362 nous ap-prend que « les drapiers de-vaient donner aux pauvres le

FOULON AU TRAVAIL.
(Musée de Sens.)

denier à Dieu de toutes les marchandises qu'ils ven-daient ». On appelait ainsi la pièce de monnaie que l'acheteur remettait comme gage du marché.

On retrouve le même esprit de charité dans les statuts de leur confrérie rédigés en 1309. Chaque

année, « le premier dimanche après les étrennes », il y
avait un grand banquet après une messe solennelle.
A l'occasion de cette fête, chacun des pauvres de
l'Hôtel-Dieu, comme aussi chacun des prisonniers du
Châtelet, recevait une pinte de vin et une pièce de
chair, bœuf et porc. Tout religieux ou tout men-

MARCHANDS DRAPIERS.
(D'après un bas-relief de la cathédrale de Reims xiii⁰ siècle.)

diant qui se présentait pendant la durée du repas était
gratifié d'un pain. Enfin, le festin terminé, toute la
desserte était envoyée aux hôpitaux de Paris.

La fabrication du drap, si prospère au moyen âge,
déclina au xvi⁰ siècle. Mais le grand ministre de
Louis XIV, Colbert, la rétablit; c'est de son temps
que fut installée à Abbeville, par un Flamand, Joss van
Robais, une maison qui devint une des plus puissantes de l'Europe. De la prospérité de cette industrie
au xvii⁰ siècle, il reste à Paris un beau souvenir :

c'est la façade du bel hôtel que la corporation des marchands drapiers s'était fait construire sur les dessins d'un des plus habiles architectes du règne de Louis XIV, Libéral Bruant. Beaucoup de protes-

FAÇADE DE LA MAISON DES MARCHANDS DRAPIERS (XVIIᵉ SIÈCLE).

tants français s'étaient adonnés à cette industrie; aussi la fâcheuse révocation de l'édit de Nantes lui porta-t-elle un coup terrible; à Tours, à Sedan, la plupart des ateliers se fermèrent.

Cette industrie se reforma lentement au XVIIIᵉ siècle; mais elle ne reprit tout son essor qu'au XIXᵉ siècle. Les deux fabricants Richard et Lenoir, les frères

Sevenne, à Rouen, surent découvrir quelques-uns
des secrets qui faisaient la supériorité des produits
anglais, soit dans la fabrication des étoffes de laine,
soit dans celle des étoffes de coton, et, de nos jours,
Rouen, Roubaix, Reims, Elbœuf,
Sedan, Castres et bien d'autres
villes en France doivent à cette
industrie une partie de leur
prospérité.

Comme dans la plupart des
industries, il a fallu atteindre
la fin du xviiie siècle et l'invention des métiers mécaniques
mus par la vapeur, pour voir les
procédés de fabrication se trans-
former. Que l'on compare en

TONDEUR DE DRAP AU
XVIe SIÈCLE.

effet nos vignettes qui représentent un tondeur gallo-
romain avec ce tondeur de drap du xvie siècle et
l'on verra qu'il n'y avait guère de changement dans

ANCIENNE HALLE AUX DRAPS
(1766).

les procédés de ces deux ouvriers. De même, au xiiie siècle, le vieil écrivain Jean de
Garlande décrivait ainsi le
travail des fouleurs : « Nus et
soufflants, ils foulent le drap
dans une caisse où il y a de
l'argile et de l'eau chaude.
Puis ils l'étendent au soleil à
l'air serein, et le frottent avec
des chardons pour en tirer le

poil. » Ne croirait-on pas que l'écrivain du moyen âge,
pour faire cette description, avait sous les yeux le
bas-relief gallo-romain qui est représenté plus haut ?

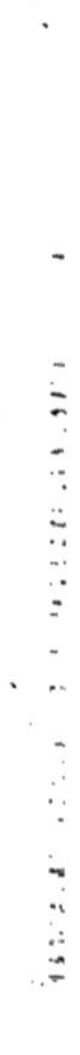

Tailleurs et Couturières.

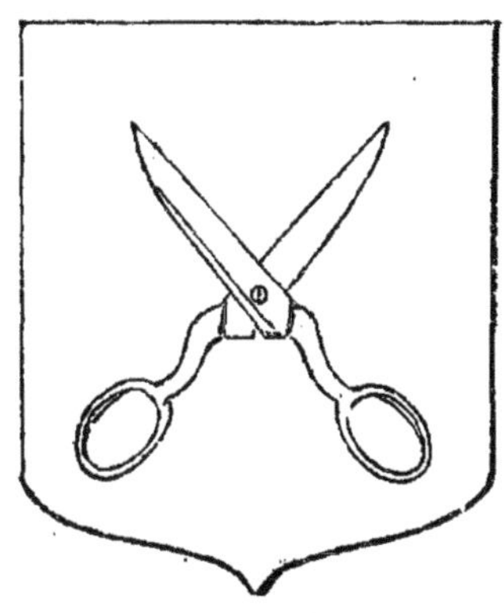

ARMOIRIES DES TAILLEURS.

La profession de tailleur d'habits n'a guère été connue des anciens, qui s'habillaient de vêtements amples ou de costumes qui exigeaient peu de coutures. Mais, dès le début du moyen âge, on commença de porter des vêtements qui épousaient la forme du corps, et il fallut des ouvriers spéciaux capables de *couper* ou, comme on disait alors, de *tailler* les étoffes de manière à les ajuster aux différentes parties du corps. Déjà, du temps de Charlemagne, il paraît qu'il y avait des gens fort habiles dans ce métier.

Au moyen âge, ce travail fut d'abord partagé en une dizaine de corporations ; chacune d'elles faisait une partie spéciale du costume ; elles finirent par se fondre en une seule, celle *des tailleurs de robes*, « faiseurs de robes et autres vêtements à l'usage des deux sexes ». Il ne faut pas oublier qu'à cette époque le mot robe s'appliquait aussi bien au costume des hommes qu'à celui des femmes ; les deux sexes portèrent en effet jusqu'au xvi° siècle des vêtements longs qui se ressemblaient fort et qui pouvaient, par cela même, être désignés par le même terme.

Aussi bien étaient-ce les mêmes artisans qui habil-

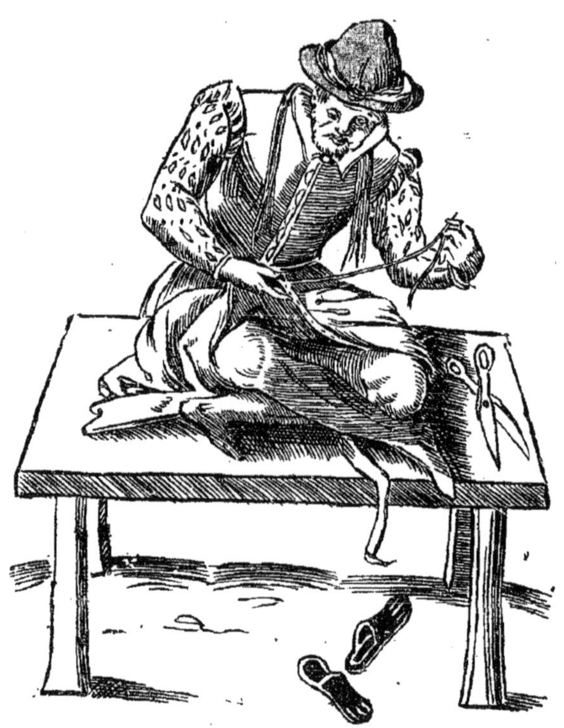

UN TAILLEUR AU XVIe SIÈCLE.

laient les hommes et les femmes ; on leur apportait l'étoffe et ils y taillaient le vêtement qui leur était commandé.

Cette coutume dura jusqu'au règne de Louis XVI. Mais alors quelques dames de la cour intervinrent auprès du roi pour lui demander l'autorisation d'être désormais habillées par des personnes de leur sexe.

Elles encouragèrent une requête que les femmes, employées en grand nombre par les tailleurs, présentèrent au souverain. Dans cette requête, les ouvrières faisaient valoir que depuis longtemps elles s'étaient appliquées à la couture pour habiller les

TAILLEUR POUR DAMES A LA FIN DU XVIIe SIÈCLE.

jeunes enfants et les femmes et « que ce travail était le seul moyen qu'elles eussent pour gagner honnêtement leur vie ». D'ailleurs, elles ne disaient pas, mais le roi le savait fort bien, que beaucoup d'entre elles confectionnaient déjà depuis longtemps, au détriment des tailleurs, des vêtements pour les dames de ce temps. Il est vrai que, toutes les fois où les maîtres tailleurs avaient connaissance de cette

fraude, ils faisaient saisir et détruire les vêtements
fabriqués, et, en s'armant de leur statuts, impo-
saient de lourdes amendes à leurs concurrentes.

Mais le roi donna raison aux couturières, recon-
naissant « qu'il était assez dans la bienséance et con-
venable à la pudeur et à la modestie des femmes et
filles de leur permettre de se faire habiller par des
personnes de leur sexe ». Cependant elles n'eurent
pas tout à fait gain de cause, car elles obtinrent seulement le droit de confectionner les vêtements de
dessous et d'habiller les jeunes garçons jusqu'à l'âge
de huit ans. Les tailleurs gardèrent le privilège de
faire la robe ou vêtement de dames, et le corset, et
ils furent autorisés à habiller les fillettes.

Il y a beau temps que ces restrictions ont disparu,
et désormais les couturières ont toute liberté. Le
nombre s'en est étonnamment multiplié, et on a pu
dire plaisamment qu'à Paris la moitié des femmes
habillait l'autre.

Dans ses procédés, cet art s'est peu modifié, et nos
tailleurs s'accroupissent encore sur une table plate
pour coudre les différentes pièces d'un vêtement
comme les ouvriers au xvie siècle ou comme les
garçons du xviiie. Mais l'invention de la machine à
coudre, due au Français Thimonnier, a permis de
fabriquer beaucoup plus rapidement les costumes et
cela a favorisé le développement de ce qu'on appelle
la *confection*, c'est-à-dire des vêtements préparés
d'avance parmi lesquels l'acheteur choisit celui qui
lui convient. L'idée n'est pas propre à notre temps ;
en 1770, un certain Dartigalougue avait établi à Paris
« un magasin d'habits neufs tout faits, de toutes
espèces, de toutes tailles et des plus à la mode ».

BOUTIQUE ET ATELIER D'UN TAILL[EUR]
AU XVIIIe SIÈCLE.
(D'après une estampe de l'*Encyclopédie*)

Aujourd'hui Londres et Paris se partagent le monopole de la fabrication des costumes : les modèles pour le vêtement masculin sont dus le plus souvent, aux tailleurs anglais, mais ce sont les célèbres maisons de couture française, qu'elles soient dirigées par des hommes ou par des femmes, qui créent les modes féminines dans le monde entier.

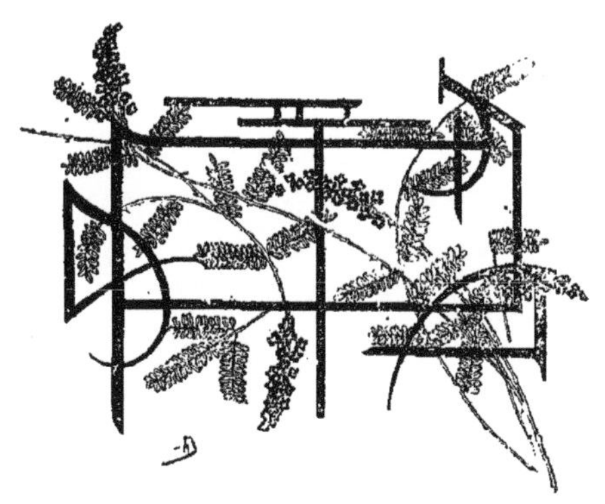

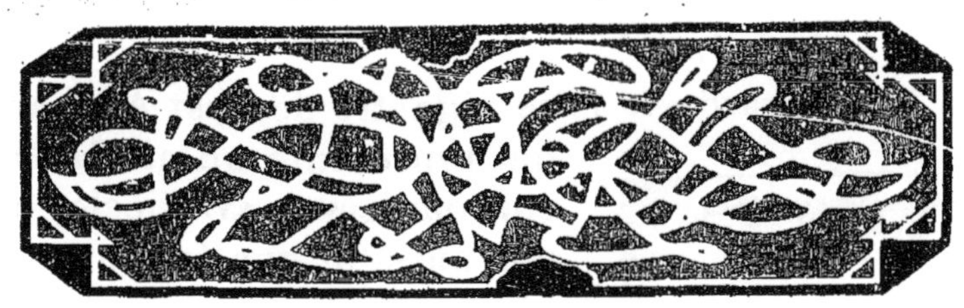

Cordonniers et Savetiers.

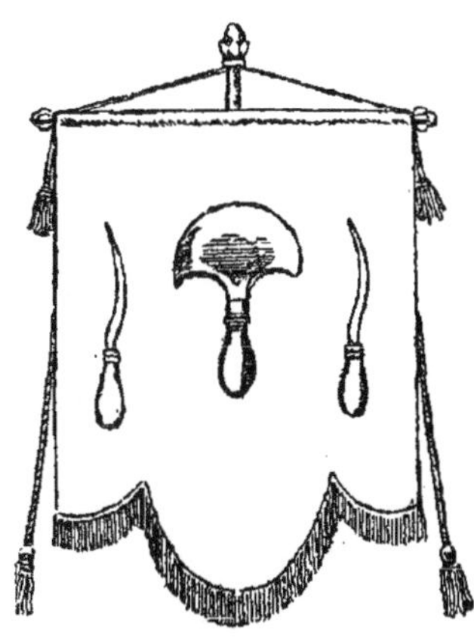

Le cordonnier, c'était, au moyen âge, celui qui faisait des chaussures de luxe avec le cuir dit de Cordoue, cuir qui avait subi une préparation spéciale dont le secret n'était connu à l'origine que des Maures habitant la ville de Cordoue. En latin, le cordonnier s'appelle *sutor*, dont on a fait en vieux français *sueur*, et pendant longtemps on eut les sueurs et les cordonniers, qui formaient deux branches rivales de la même corporation ; en dessous d'eux venaient les *savetonniers*, qui ne travaillaient qu'un cuir grossier appelé *basane*, et par conséquent ne fabriquaient que des chaussures de qualité médiocre ; enfin, tout en bas de cette hiérarchie, il y avait les *savetiers*, qui n'étaient autorisés qu'à réparer les chaussures. Tous, d'ailleurs, reconnaissaient pour patrons saint Crépin et saint Crépinien, qui, suivant la légende, étaient cordonniers.

Si l'on regarde la jolie vignette de Jost Amman,
qui représente un atelier de
cordonniers au xvie siècle, on
voit aussitôt que les cordonniers d'autrefois vendaient
directement au public la
chaussure qu'ils fabriquaient
sous les yeux des acheteurs ;
cet usage se maintint jusqu'au
début du xixe siècle, ainsi
qu'en témoignent nos gravu-
res. Il n'en est pas de même
aujourd'hui ; bien rares sont
les cordonniers qui travail-
lent dans leur atelier au vu de tous ; la chaussure

CORDONNIERS AU XVIe SIÈCLE.
Vignette de Jost Amman.)

UNE ÉCHOPPE DE CORDONNIERS SOUS LE RÈGNE DE LOUIS XIII
(D'après une gravure d'Abraham Bosse.)

se fait dans de vastes usines ; elle est taillée, cousue
à la machine, et expédiée dans les maisons de vente.

C'est là d'ailleurs dans cette industrie un changement
de date assez récente : car, jusque vers le règne de
Louis-Philippe, les procédés de fabrication de cette

BOUTIQUE DE BOTTIERS SOUS LE CONSULAT.
(D'après Duplessis-Bertaux.)

utile partie du vêtement n'avaient guère changé
depuis les Grecs et les Romains.

Pendant tout l'ancien régime, les cordonniers se
considérèrent volontiers comme
supérieurs aux autres artisans.
Sous le règne de Louis XIV,
l'un d'eux connut la gloire. C'était
un cordonnier de Bordeaux, nom-
mé Lestage. Il s'avisa d'offrir à
Louis XIV une paire de bottes
sans coutures apparentes. Le roi,
qui s'intéressait fort a sa garde-
robe, fut très touché du cadeau
de Lestage ; il porta cette paire

ARMOIRIES
DE NICOLAS LESTAGE.

de bottes le jour de son mariage ; il défendit à ses
sujets de s'en faire fabriquer du même modèle ;
enfin il anoblit Lestage et lui permit de porter des
armoiries où l'on voyait une botte d'or surmontée

d'une couronne et accompagnée à droite et à gauche
de fleurs de lys. Tant d'honneur réjouit le cœur du
pauvre Lestage, qui eut un moment la clientèle de
toute la cour. Mais sa vogue ne dura qu'un temps;

LE SAVETIER MODERNE.

sagement il retourna dans sa ville natale : pour se
consoler de ce retour, il rassembla 80 pièces de vers
tant latines que françaises publiées à sa louange, et il
en fit un volume, en tête duquel il plaça son portrait
après une belle préface où il disait, en un français
qui ne valait certes pas sa chaussure, que le chef-

d'œuvre présenté au roi « avait donné de l'admiration presque dans tout l'univers ».

Jamais les savetiers ne connurent une si belle gloire. Mais aussi c'étaient le plus souvent de modestes ouvriers vivant dans de misérables échoppes, ayant pour égayer leur monotone labeur quelque oiseau familier : pie, linotte ou perroquet :

> Premièrement je laisse à Jean Claquesabot
> Ma linotte et sa cage avec mon escabot.
> Ma femme aura ma pie avec mon perroquet :
> Ils savent bien tous deux imiter son caquet,

lit-on, dans une amusante pièce de méchants vers du xviie siècle, intitulée *Le testament d'un maître savetier*. Les savetiers de la Rochelle s'étaient montrés reconnaissants à ces humbles compagnons en faisant placer dans les armoiries de leur corporation une linotte enfermée dans sa petite cage.

Aujourd'hui le savetier est encore, ainsi qu'autrefois, un de nos plus pauvres artisans ; comme il ne trouve guère d'endroits où se loger dans les grandes maisons de nos villes modernes, il demande le plus souvent asile, au moins à Paris, au charbonnier à qui il loue une petite partie de sa boutique. C'est là qu'il faut le chercher, si l'on veut revoir un spécimen bien rare aujourd'hui de cette « petite industrie » qui fut presque seule connue de nos ancêtres avant la Révolution.

Barbiers, Perruquiers et Baigneurs.

ARMOIRIES DE LA CORPO-
RATION.

« Jusqu'au milieu du XVIIe siècle, tout barbier était en même
temps chirurgien. Dans sa boutique, obscure et sale, il rasait
et saignait, coupait les cheveux
et posait des ventouses, pansait
les plaies, ouvrait les anthrax,
ne reculait même pas devant les
opérations les plus compliquées
et les plus dangereuses[1]. »

Sous le règne de Louis XIII,
on comprit enfin ce que ce mélange de toilette et de
chirurgie avait de répugnant, et ce roi autorisa en 1637
la formation d'une corporation séparée, dite des *barbiers-barbants*. Cette distinction fut confirmée trente-
six ans après par Louis XIV en ces termes : « Nous
avons reconnu dès il y a longtemps que l'usage de
faire le poil et de tenir des bains et étuves, et les
soins que l'on apporte à tenir le corps humain dans
une propreté honnête, étant autant utiles à la santé
que pour l'ornement et la bienséance, nous avons

---

1. Franklin, *Dict. historique des arts, métiers et professions
exercés dans Paris depuis le XIIIe siècle*, p. 67.

ordonné l'établissement d'un corps et communauté de barbiers-baigneurs-étuvistes-perruquiers ».

Mais la distinction n'était pas toujours facile à faire, paraît-il, entre les barbiers-barbants et les barbiers-chirurgiens : car, en 1716, on décida que les premiers auraient désormais « des boutiques peintes en bleu,

BARBIER SOUS LOUIS XIII.
(D'après Abraham Bosse.)

fermées de châssis à grands carreaux de verre », et qu'ils mettraient « à leur enseigne des bassins blancs pour marque de leur profession et pour faire différence de ceux des chirurgiens qui en ont des jaunes ». Voici comment devait être rédigée l'enseigne : *X...,* *barbier, perruquier, baigneur, étuviste. Céans, on fait* *le poil et on tient bains et étuves.*

Ainsi les barbiers ne se contentaient pas d'accommoder le visage ; ils étaient aussi perruquiers. A partir du règne de Louis XIII, on avait commencé en

France à porter la perruque ; mais ce fut avec le règne
de Louis XIV que cette mode bizarre devint générale, surtout pour les hommes, et qu'elle se répandit
dans toutes les classes de la société. Pendant le
xviie et le xviiie siècles, on fit toutes sortes de perruques, et, sous le règne de Louis XV, l'auteur d'un
ouvrage intitulé *l'Encyclopédie perruquière* ne compte

BARBIER-PERRUQUIER AU XVIIIe SIÈCLE.
(*Encyclopédie.*)

pas moins de quarante-cinq types de perruques,
parmi lesquelles il cite : *les perruques au pont de fer,
aux nids de pie, à la rhinocéros, au cabriolet, à l'oiseau
royal, à la singulière, à la comète, à la lunatique, à
l'envieuse, à l'inconstant, à la jalousie.* Barbiers et
perruquiers étaient extrêmement nombreux à Paris,
et Franklin, envoyé auprès de Louis XIV par ses
compatriotes d'Amérique pour obtenir du secours
contre les Anglais, disait plaisamment que le vœu de
ses concitoyens serait facilement exaucé si le roi

consentait à lui donner seulement l'armée de garçons perruquiers qu'il voyait dans Paris.

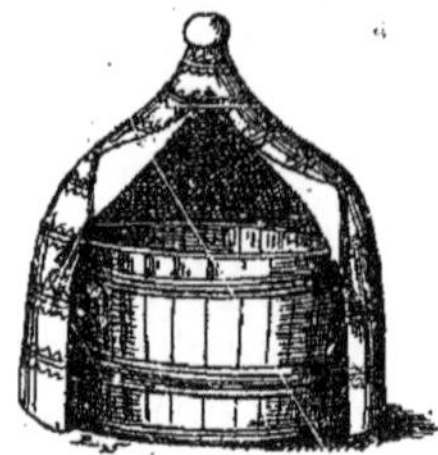

BAIGNOIRE EN BOIS
(XIVe SIÈCLE).

Pendant tout le moyen âge, ce fut aussi chez le barbier qu'on allait prendre des bains ; les maisons que nous appelons maisons de bain, on les nommait alors *étuves*. En 1292, il y en avait vingt-quatre à Paris ; des garçons en annonçaient l'ouverture dès le point du jour, en chantant la petite chanson que voici :

> Oyez qu'on crie au point du jour ;
> Seigneurs, lors allez vous baigner
> Et étuver sans différer ;
> Les bains sont chauds, c'est sans mentir.

BARBIER-ÉTUVISTE AU XVIe SIÈCLE.

Et l'on s'y rendait sans difficulté, car nos peres au

moyen âge étaient beaucoup moins malpropres qu'on
ne se plaît à le dire. On se baignait dans des cuves
de bois; le roi de France, au xvᵉ siècle, en avait de
somptueuses, ornées de baguettes dorées, et liées de

cerceaux attachés avec des clous de cuivre doré.
Comme on le voit sur notre gravure, les bains en
ce temps-là ne se prenaient pas comme aujourd'hui :
toute une famille est ici rassemblée, le père, la mère
et l'enfant; ils sont sortis des baignoires et sont assis
sur des bancs que l'on appelait, d'un terme pitto-

resque et naïf, *bancs à suer*; le maître ou le valet des étuves a déjà frotté le père de famille à la pierre ponce, et, suivant une pratique fort à la mode au temps où a été faite cette gravure, il lui a posé quelques ventouses pour lui clarifier le sang.

JETONS DE LA COMMUNAUTÉ.

Ce n'est qu'au xvii° siècle qu'on cessa ces pratiques, et c'est au xviii° seulement qu'on installa dans Paris des établissements analogues à nos maisons de bain actuelles; il n'y en avait pas plus d'une dizaine dans la capitale à la veille de la Révolution.

De tant d'attributions variées, il ne reste plus guère aux barbiers d'aujourd'hui, qui portent maintenant le nom de *coiffeurs*, que le soin de raser le visage des hommes, de leur couper la barbe et les cheveux, et d'accommoder suivant les caprices de la mode la coiffure des dames. Mais les barbiers d'autrefois ne verraient probablement pas sans quelque jalousie les boutiques élégantes, parfois luxueuses où, dans les grandes villes, leurs successeurs se livrent à celle de leurs occupations qui les retenait autrefois le moins.

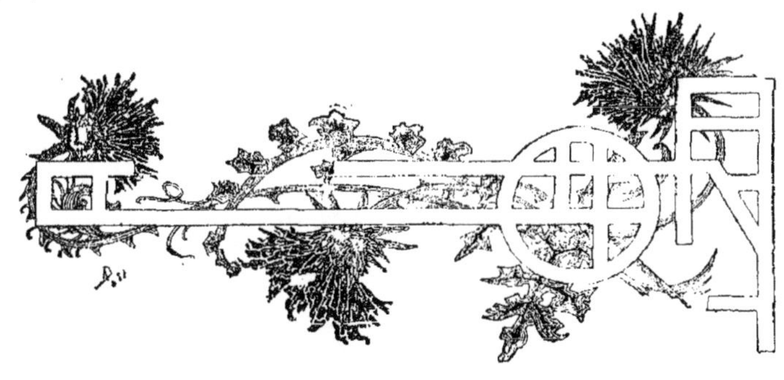

Maréchaux-Ferrants.

ARMOIRIES DE LA COR-
PORATION.

C'était une corporation qui ne pouvait manquer d'avoir une grande importance, aux temps où il n'y avait guère d'autres moyens de transport que le cheval ou la voiture attelée de chevaux, et cependant l'art que les maréchaux-ferrants pratiquent n'est pas très ancien : les peuples de l'antiquité ne le connaissaient pas ; il semble bien que cet art ait été inventé par les Germains et qu'il ait été introduit en Gaule et en Italie, lors des invasions barbares, par conséquent vers le IVe ou le Ve siècle. Le premier fer à clous que l'on connaisse a été retrouvé à Tournai dans le tombeau du roi mérovingien Childéric, mort en 481.

Les maréchaux-ferrants au XIIIe siècle formaient une seule corporation avec les *greffiers*, qui fabriquaient probablement les fermetures de fer, telles que ces belles ferrures qui ornent les portes de la

cathédrale de Paris, les *heaumiers*, fabricants de casques, qui se confondirent plus tard avec les armuriers, les *vrilliers*, qui faisaient les vrilles, et les *maréchaux grossiers*, ou *maîtres des œuvres noires*, qui forgeaient les socs, les coutres, les fourches, les

LE MARÉCHAL-FERRANT.

houes, les hoyaux, etc. Seuls les maréchaux-ferrants avaient qualité, disent les statuts de 1687, pour « ferrer, panser, et médicamenter toutes sortes de bêtes chevalines ».

Ce mot médicamenter peut étonner : jusqu'au xviiie siècle, les maréchaux furent en même temps vétérinaires. Leur science assurément n'était pas bien profonde; elle se bornait aux remarques personnelles de ceux d'entre eux qui savaient observer

les animaux qu'on leur amenait et aux recettes tra-
ditionnelles transmises de père en fils. Voilà

RABOTAGE DES DENTS.

pourquoi vous voyez, dans ce dessin du xviiie siècle,

MARÉCHAUX-FERRANTS SOUS L'EMPIRE.
(D'après une eau-forte de Duplessis-Berteaux.)

cet ouvrier maréchal occupé à raboter les dents d'un
cheval.

Les maréchaux allaient bientôt perdre ce privilège,
En 1761 un écuyer, Claude Bourgelat, qui, dans les
armées royales où il avait servi, avait pris la passion
des chevaux et souffrait de voir ces braves bêtes si
mal soignées dans leurs maladies, créa à ses propres
frais une école à Lyon pour y former des jeunes
gens dans l'art de soigner les maladies des animaux

LA CONSULTATION A L'ÉCOLE VÉTÉRINAIRE D'ALFORT.

domestiques. L'école réussit ; alors, le contrôleur
général Bertin, qui était un ami de Bourgelat,
l'appela à Paris pour y fonder auprès de la capitale,
dans le village d'Alfort, une école du même genre.
Cette école existe encore ; elle forme nos principaux
vétérinaires.

Un grand nombre de jeunes gens vinrent de
France et de l'étranger suivre les cours de Bourgelat
et ce furent ses élèves qui créèrent successivement
les écoles de Copenhague, de Dresde, de Vienne, de
Berlin, de Londres, de Madrid, etc. Ce n'est pas,

d'ailleurs, une mince gloire pour notre pays que d'avoir été le premier dans le monde à créer un enseignement pour apprendre à l'homme à soigner les animaux domestiques, à soulager dans leurs maladies ceux que saint François d'Assise appelait d'une façon si doucement charitable « nos frères inférieurs ».

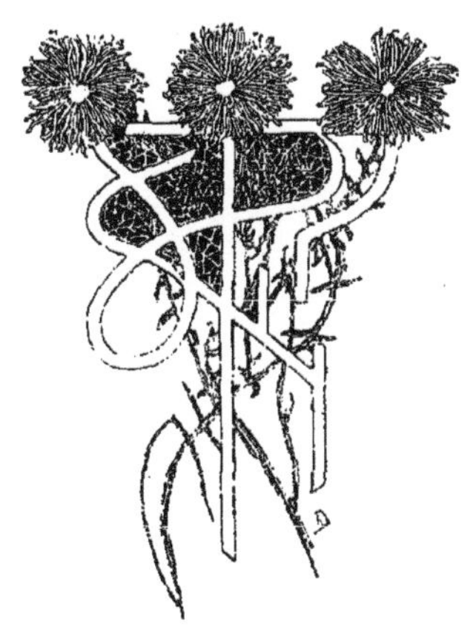

Chaudronniers et Ferblantiers.

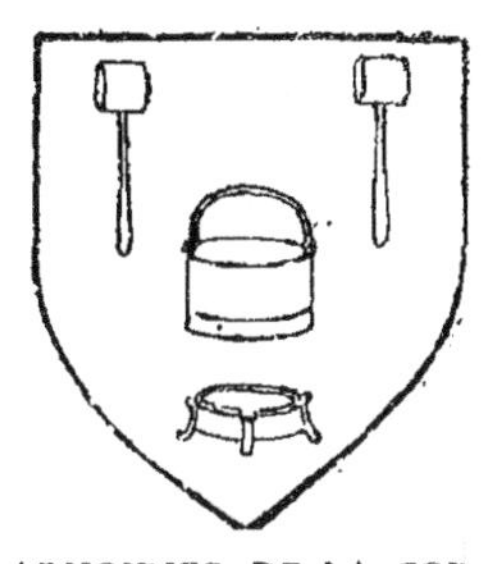

ARMOIRIES DE LA COR-
PORATION.

Voici encore une industrie qui s'est bien modifiée depuis le moyen âge. Aujourd'hui les chaudronniers fabriquent dans des usines d'énormes chaudières pour les machines à vapeur, des récipients de grandes dimensions pour les distilleries, brasseries, sucreries, des réservoirs et des conduites métalliques; la plus grosse partie de ce travail se fait à la machine, et l'ouvrier n'intervient guère que pour ajuster les pièces ou parfaire le travail encore parfois grossier de la machine.

Autrefois, au contraire, le chaudronnier ne travaillait qu'à la main; il ne faisait que les ustensiles de cuivre réservés aux usages domestiques ou les pièces importantes destinées au culte, telles que les lutrins et les fonts baptismaux, ou les candélabres. C'était souvent un artiste, et jusqu'au xviie siècle les chaudronniers nous ont laissé des pièces admirables qui font l'ornement de nos musées et de nos églises, comme le merveilleux chandelier de la cathédrale du Mans.

Cette industrie était répandue dans toute l'Europe,

mais la ville de Dinant, sur la Meuse, aujourd'hui en
Belgique, avait une réputation spéciale pour ce genre
d'ouvrages. A Dinant, jusqu'à la prise et la destruction
de la ville par Charles le Téméraire en 1466, on
fabriqua surtout les ustensiles de ménage, les coque-

ATELIER MODERNE DE GROSSE CHAUDRONNERIE.

mars, les aiguières, les flambeaux à figures d'hommes
ou d'animaux, les bassins, les mortiers, etc. La gloire
de Dinant en ce genre d'ouvrages était si bien établie,
qu'on appelait souvent les chaudronniers *dinandiers;*
on les nommait aussi parfois *maignans*, d'un vieux
mot français, *magnien*, qui signifie chaudron.

Dans ce métier, comme dans beaucoup d'autres au
moyen âge, il y avait une aristocratie de gros fabricants

L'ATELIER D'UN CHAUDRONNIER AU XVIIIe SIÈCLE.
(*Encyclopédie.*)

et une classe dédaignée de pauvres ouvriers; les premiers étaient les *chaudronniers proprement dits*, qui, installés à demeure dans leurs ateliers, fabriquaient tous les beaux objets; les autres étaient les *chaudronniers dits au sifflet* : ils n'avaient pas le droit de travailler dans les villes où les chaudronniers étaient constitués en communautés. Sifflotant dans une flûte de Pan, d'où leur nom, ils parcouraient les villages, ayant tout leur attirail dans un sac qu'ils portaient sur leur dos; à eux les étamages, les raccommodages et parfois aussi la vente des vieux objets de cuivre.

A côté de la chaudronnerie, qui ne travaille que le cuivre ou le bronze, s'est développée dans les temps modernes l'industrie du fer blanc, qui consiste dans la fabrication d'objet faits avec des feuilles de fer mince trempées dans de l'étain en fusion. C'est une industrie

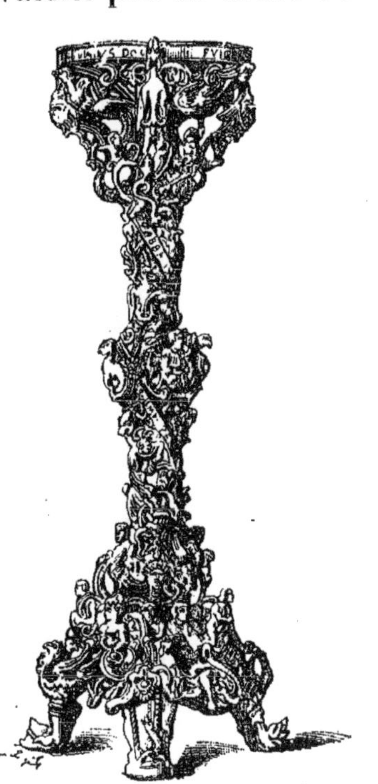

CHANDELIER EN BRONZE DORÉ DE LA CATHÉDRALE DU MANS (XIIe SIÈCLE).

récente; le procédé de fabrication passe pour avoir été inventé en Bohême, à la fin du xve siècle. Colbert se donna beaucoup de peine pour l'introduire en France; il chargea un représentant du roi de France en Allemagne, l'abbé de Gravel, de corrompre quelques ouvriers allemands et de les amener en France. L'abbé y réussit, et ces ouvriers fondèrent à Beaumont dans le Nivernais notre première fabrique de ferblanterie. Depuis, cette industrie a prospéré ; elle s'est beaucoup augmentée de nos

CHAUDRONNIER AMBULANT.

jours, par suite du développement de la préparation des conserves alimentaires, poissons, viandes, légumes, etc., que l'on renferme dans des boîtes en fer blanc.

JETON DE LA COMMUNAUTÉ.

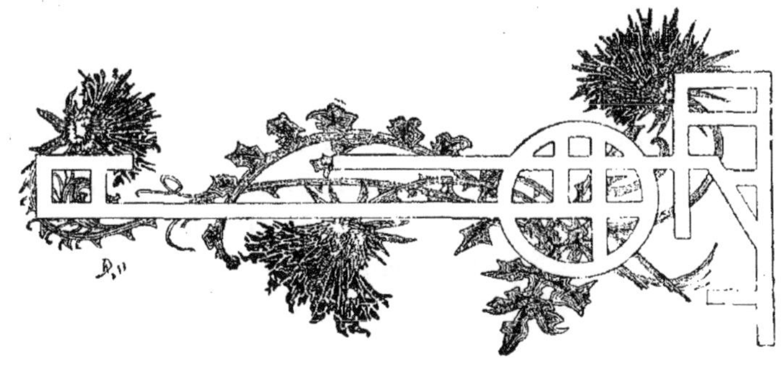

Les Armuriers.

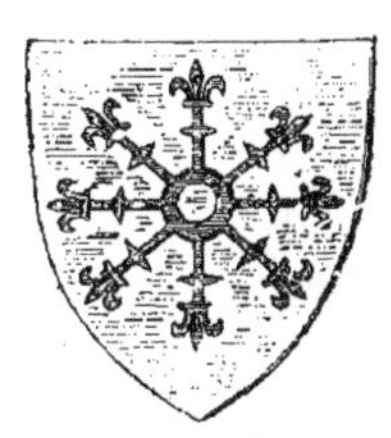

ARMOIRIES DE LA CORPORATION.

La fabrication des armes occupa naturellement au moyen âge un grand nombre d'ouvriers; il arriva même parfois, tant les guerres étaient fréquentes, que la fabrication des armes fût insuffisante. En 1412, pendant les terribles guerres civiles qui ensanglantèrent alors la France, les commandes d'armes étaient si nombreuses qu'à Paris les armuriers n'y pouvaient suffire. Le roi dut laisser chacun libre de s'improviser fabricant d'armes, ce qu'on exprimait en disant que le métier était devenu libre, parce que, lisait-on dans l'ordonnance royale, les ouvriers de Paris « ne pourraient pas suffire à la centième partie des armures qu'il convient ».

Cette profession était aussi parmi les métiers une des plus considérées. Ceux qui en exerçaient une des branches,

LA FABRICATION DES ARMES.
(D'après un manuscrit
de la Bibliothèque de Berlin.)

et nous allons voir qu'elles étaient nombreuses, revendiquaient entre autres privilèges celui de ne pas fournir de soldats au guet de Paris : ainsi, les arctiers, ou fabricants d'arcs, étaient affranchis de cet ennui, parce que, lit-on dans leurs statuts, leur métier « est pour servir chevaliers et écuyers et sergents et est pour garnir châteaux ». Cette fréquentation de la noblesse détermina dans les statuts de ces corporations des articles qui sont particuliers à ces métiers. Ainsi, l'on voit

LA FABRICATION DES ARMES.
(D'après un manuscrit
de la Bibliothèque de Berlin.)

prescrit aux fourbisseurs, c'est-à-dire à ceux qui fabriquaient les épées, de tenir proprement habillés leurs ouvriers, « pour nobles gens, comtes, barons, chevaliers, et autres bonnes gens qui aucunes fois descendent en leurs ouvroirs » (ateliers).

Pour la fabrication des armes de guerre, il y eut au moyen âge à peu près autant de métiers qu'il y avait de pièces dans l'habillement militaire. Lorsque le costume de guerre était, du xie au xiiie siècle, le *haubert*, sorte de tissu de

CHEVALIER DU XIIIe SIÈCLE.
(D'après un bas-relief.)

mailles de fer qui recouvrait le chevalier des pieds à la tête, il y avait une catégorie spéciale d'ouvriers pour fabriquer cet équipement; c'étaient les *haubergiers*. Les plus habiles étaient groupés dans une petite ville du département de l'Oise, Chambly, qui pour ce motif a été longtemps appelée Chambly le Haubergier.

HEAUME ANGLAIS (FIN DU XIIe SIÈCLE).

Les *heaumiers* fabriquaient le heaume ou casque; les *écussiers*, préparaient le bouclier en forme d'écusson ou écu; les *brigandiniers* faisaient une cuirasse légère, la brigandine, ainsi appelée parce qu'elle était portée par les fantassins, qu'on appelait alors brigands, sans que ce mot eût encore le sens défavorable qu'il a pris depuis. On distinguait encore les *trumelliers* qui forgaient les trumelières ou grèves; c'était le nom qu'on donnait à la partie de l'armure qui couvrait les jambes.

HEAUME DU XIIe SIÈCLE.

Tous ces métiers finirent par se fondre, vers le xve siècle, en une seule corporation qui prit le nom d'*armuriers*. A Paris, ils étaient presque tous groupés dans une rue qui s'appelait la rue de la Heaumerie, ainsi nommée d'une maison où pendait pour enseigne un heaume. Cette rue, qui se trouvait non loin de l'Hôtel de Ville actuel, n'a disparu qu'en 1853. Au xvie siècle, ces armuriers étaient devenus prodigieusement habiles; ils faisaient des armures si bien combinées,

HEAUME ROYAL (XIIIe SIÈCLE).

où il y avait si peu d'endroits par où pût se glisser la pointe d'une flèche ou la lame d'une épée, que, si l'on en croit l'historien Tavannes, dans un enga-

gement où deux cents chevaliers étaient aux prises,
au bout de deux heures, il n'y en avait encore que
quatre d'entre eux restés sur le carreau. Comment
s'étonner de cette quasi invulnérabilité quand on
voit François 1er, au matin de la bataille de Pavie,

PROSPECTUS DU FOURBISSEUR ROUSSEL.
(D'après une gravure en taille-douce de Lepautre, 1617-1682.)

revêtir une armure ou, comme on disait en ce temps,
un harnais si merveilleusement fait qu'on n'eût su y
introduire une aiguille ou une épingle.

Mais ce furent les derniers beaux jours des armuriers, car l'emploi des armes à feu fit bientôt dispa-
raître les armures. Du vieux costume militaire du
moyen âge il ne subsista que la cuirasse, et, au milieu

du xviiie siècle, la corporation des armuriers s'éteignit. Aujourd'hui on donne ce nom aux commerçants qui vendent et réparent les fusils de chasse, les carabines de jardin et les revolvers.

Tout ce qui précède ne concerne que les armes défensives. La fabrication des armes blanches était le monopole des *fourbisseurs*. En 1627, le roi de

POLISSAGE DES ARMES (FIN DU XVIe SIÈCLE).
(D'après une gravure en taille-douce de Stradan.)

France leur reconnaissait encore le privilège de « fourbir, garnir et monter épées, dagues, braquemarts, miséricordes, lances, piques, hallebardes, pertuisanes, javelines, vouges, épieux, haches, masses ». Cette énumération contenait d'ailleurs le nom d'un grand nombre d'armes dont on ne se servait plus à cette date. On ne voit plus en effet figurer dans l'armement des soldats de la guerre de Trente Ans ni le braquemart, qui était une épée courte et large, ni la miséricorde, sorte de poignard, ni la javeline, ni la vouge, sorte de hallebarde au fer très allongé, ni l'épieu, dont on ne se servait guère qu'à la chasse, ni la hache, ni la masse. Les manches de toutes ces armes étaient taillés par les *menuisiers*, et les fourreaux des épées et des poignards étaient préparés par les *fourreliers*, qui n'employaient que le cuir bouilli.

Enfin restent les armes de trait. Parmi les fabricants de ces armes, on eut d'abord les *arctiers*, qui faisaient les arcs ; il y en avait de plusieurs sortes : les arcs français, faits de bois d'érable, de viorne, ou d'if ; les arcs anglais, plus longs que les nôtres, et les arcs turquois, constitués par deux cornes soudées l'une à l'autre et dont les pointes étaient réunies par un ressort d'acier. Toutes ces armes lançaient à une centaine de mètres au plus des flèches de 50 centimètres de long, empennées de plumes de poule, et munies d'une forte

ARMURE DE FRANÇOIS Ier.

pointe métallique. Puis vinrent les arbalétriers, qui fabriquaient une arme déjà plus redoutable, car elle envoyait à la distance de deux cents pas des gros traits dits bougeons ou bougons, préparés par les *bougeniers* ou *bougonniers*. Au xive siècle, les meilleures de ces armes étaient, au dire de l'historienne de Charles V, Christine de Pisan, fabriquées à Gênes.

Mais, au xvie siècle, arc et arbalète disparurent
devant les armes à feu, devant l'arquebuse,
qui fut, à la fin du xvie siècle, remplacée par
le mousquet et au xviie par le fusil. Les arque-
busiers s'érigèrent en corporation en 1575 et,
à partir de ce moment, ils eurent le monopole
de la fabrication des armes à feu. Ces arque-
busiers furent souvent de véritables artistes,
et ils firent pour nos souverains des armes
qui sont à la fois des armes excellentes et
des chefs-d'œuvre de ciselure et de damas-
quinure. Notre Musée d'artillerie s'enorgueillit ainsi de l'admirable mousquet fabri-
qué par Louis XIV dans sa jeunesse. Une
occasion de se distinguer dans leur art était
fournie à ces industriels par la coutume où
était la ville de Paris d'offrir au Dauphin ses
premières armes. En 1785, le jeune
Dauphin reçut en présent un fusil
et deux pistolets garnis en or qui
avaient été fabriqués par l'arque-
busier du roi, Lepage, dont la boutique était installée rue Richelieu.

VOUGE
(xve s.).

Aujourd'hui, où le port des
armes de guerre est prohibé, les
armes à feu et les armes blanches destinées à l'armée sont fabriquées dans des
manufactures qui appartiennent à l'État
et sont dirigées par ses officiers d'artillerie. Dès le courant du xviiie siècle,
l'État avait commencé à surveiller la
fabrication des armes de guerre. Ce fut
la ville de Saint-Étienne qu'on choisit

ARC DU
XIIIe SIÈCLE.

pour y concentrer cette industrie, parce que, depuis

le xvᵉ siècle, on y trouvait des artisans qui s'étaient
fait connaître par leur habileté dans cet art. Louvois,

JANISSAIRE A LA FIN DU XVᵉ SIÈ-
CLE, AYANT SOUS LE BRAS
GAUCHE UN ARC TURQUOIS.
(D'après un dessin de Gentile Bellini.)

au xviiᵉ siècle, y avait en outre
développé la fabrication des
mousquets. En 1784 fut organisée dans cette ville la première manufacture d'armes;
elle est restée la plus importante; dans ses immenses ateliers, des machines-outils y
fabriquent chaque jour, en
grand nombre, de préférence
des fusils. L'État a deux autres
grandes manufactures :
l'une, installée à Châtelle-
raut en 1869, fait les sabres
et les épées, les fusils avec
le sabre-baïonnette et les
cuirasses, l'autre est celle
de Tulle; dans cette ville,
il y eut dès 1696 une usine à canons de fusil dont les
produits étaient vendus aux colonies par l'intermédiaire des armateurs de Bordeaux. Cette usine fut

MOUSQUET DE LOUIS XIV.

érigée en manufacture royale en 1778; elle fabrique
aujourd'hui les fusils avec leurs baïonnettes.

De bonne heure l'État prit l'habitude de conserver
dans des établissements spéciaux le matériel de
guerre. On appelle ces dépôts *arsenaux*; on y fait
aussi les réparations. Les premiers de ces arse-

naux en France remontent à François Ier; celui de
Paris était le plus important; les bâtiments qu'il
occupait sont aujourd'hui devenus une des grandes
bibliothèques de la capitale. Il y a actuellement dix
arsenaux en France pour l'armée de terre; ils sont
installés à Douai, La Fère, Auxonne, Grenoble, Tou-
louse, Rennes, Bourges, Toulon, Vincennes et Ver-
sailles.

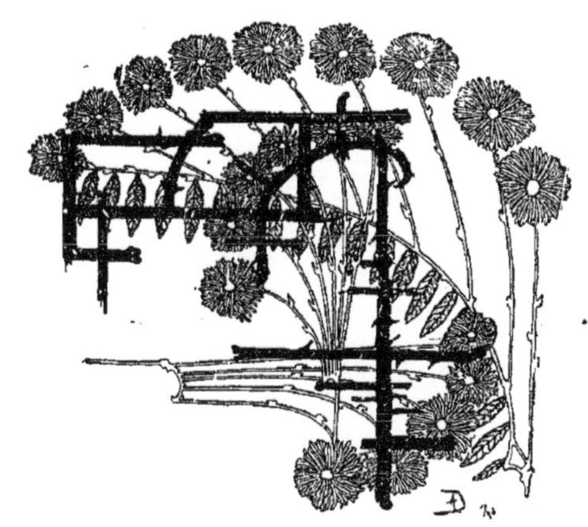

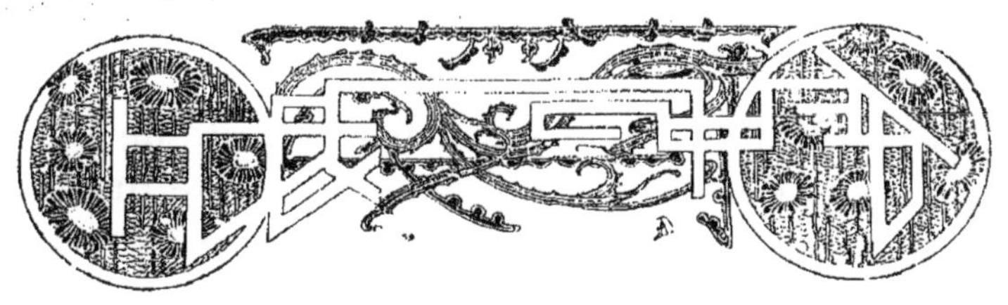

Les Orfèvres.

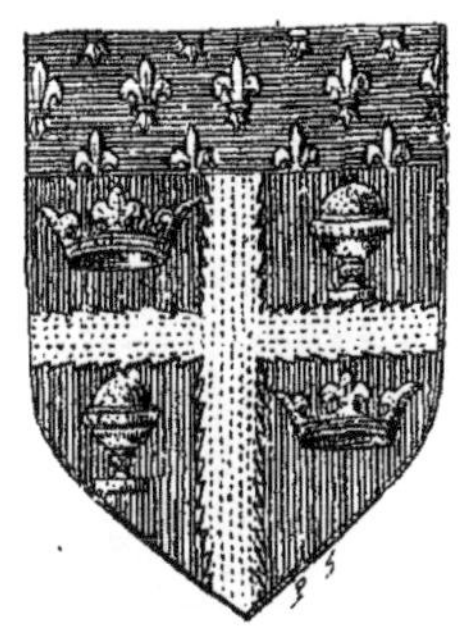

Ce fut au moyen âge une fort importante corporation, et à Paris plus que partout ailleurs en France. Cela est facile à comprendre, si l'on songe à l'étonnante quantité d'objets qui furent alors fabriqués en or ou en argent pour l'ameublement des églises. Ajoutez que les princes et les seigneurs possédaient un grand nombre de plats, de vases, d'aiguières, de flambeaux, etc., soit par goût artistique, soit par vanité, soit encore par prudence : car, aux jours difficiles, s'il fallait payer par exemple quelque lourde rançon, on envoyait toute cette orfèvrerie à la Monnaie du roi, d'où elle revenait en beaux écus sonnants.

Dès le temps de saint Louis, les orfèvres parisiens étaient organisés en corporation. Dans leurs statuts, on voit qu'en raison de la difficulté de leur art l'apprentissage dans leur communauté ne durait pas moins de dix ans. La boutique de l'un d'entre eux restait ouverte tous les dimanches, et le gain qui avait été fait dans cette journée, l'orfèvre, dit le

Livre des Métiers, « le met dans la boîte de la confrérie » et « de tout l'argent de cette boîte on donne
chacun an le jour de Pâques un dîner aux pauvres de
l'Hôtel-Dieu ».

Ces charitables orfèvres étaient aussi très pieux,

INTÉRIEUR D'UNE HALLE AU XVe SIÈCLE.
(D'après une miniature.)

et leur piété déterminait dans leur corporation de
singuliers usages. Le 1er mai de chaque année, à
minuit, ils allaient planter un arbre vert paré de
rubans sur la place du Parvis de Notre-Dame. Puis ils
remplacèrent cet arbre par une énorme branche ver-
doyante qu'ils plaçaient à l'intérieur de l'église, après
l'avoir entourée de petits tableaux d'orfèvrerie. A
partir de 1630, ils préférèrent offrir « à la gracieuse
Vierge » un tableau peint de 11 pieds de hauteur

pour embellir la nef, et, comme ces orfèvres étaient riches et qu'ils aimaient les belles choses, ils s'adres-

BOUTIQUE D'ORFÈVRE EN 1819.

saient aux plus grands peintres de leur temps. Le Sueur, Philippe de Champaigne, Le Brun, Coypel, travaillèrent pour messieurs les orfèvres.

On comptait en 1292, à Paris, 116 orfèvres et 253 en 1360; il y en avait 400 en 1687, et 300 encore à la veille de la Révolution. Au xmᵉ siècle, ils étaient établis presque tous sur le Pont au Change; au xvᵉ, ils vinrent s'installer sur le Petit Pont; puis, au commencement du xvɪɪᵉ, quand Henri IV fit construire

SCEAU DES ORFÈVRES DE BRUGES (1356).

le Pont-Neuf, ils se logèrent dans les hautes maisons construites sur le quai à côté du Palais, et, de leur présence, ce quai prit le nom, qu'il porte encore aujourd'hui, de quai des Orfèvres.

Les orfèvres de nos jours ne sont assurément pas
de moins habiles artistes que leurs prédécesseurs,
mais ils n'ont pas aussi souvent l'occasion d'exercer
leur talent : car cette belle industrie a été modifiée,
elle aussi, par les conditions de la vie moderne. Les
procédés imaginés par le chimiste français Ruolz,
au milieu du XIXe siècle, pour argenter et dorer à
peu de frais les métaux communs, ont répandu les
objets d'orfèvrerie à bon marché dans toutes les
classes de la société; mais on n'a plus fait autant de
ces belles et coûteuses pièces où s'exerçait l'art
patient de nos vieux orfèvres.

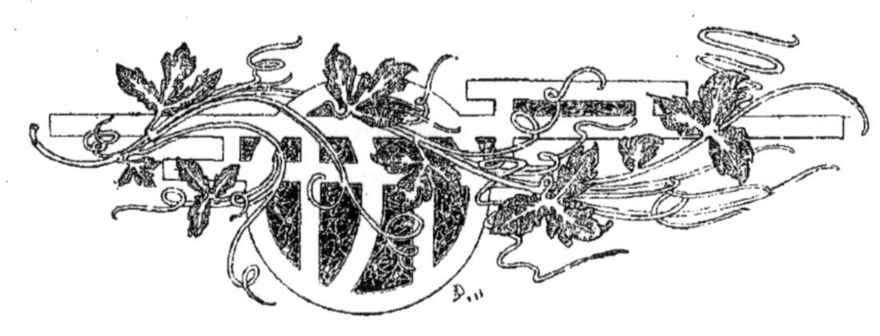

Les Merciers.

On disait au moyen âge : « Merciers, marchands de tout, faiseurs de rien ».

Et c'était l'exacte définition de ce métier. Chaque artisan à l'origine vendait seulement ses produits ; mais tous les métiers n'existaient pas en aussi grand nombre et avec la même importance dans chaque ville. Il était donc indispensable qu'il y eût des gens pour se charger de rassembler les marchandises les plus diverses et les mettre à la disposition des acheteurs. Mais les différents industriels veillaient jalousement à leurs privilèges, et de tout temps ils surveillèrent attentivement les marchands pour les empêcher de rien fabriquer.

Ces marchands, qui servirent ainsi au moyen âge d'intermédiaires entre le public et les fabricants, on les appela *merciers*. Ce mot n'éveille pour nous que l'idée d'un petit commerce borné à quelques articles de lingerie, à quelques accessoires de toilette, et à quelques-uns des instruments nécessaires à la couture. Toutefois le mot *mercerie* avait bien plus d'étendue ; il vient d'un mot latin, *mcrx*, qui signifie tout ce qui se vend. Un mercier, c'était à l'origine un négociant en gros. On distinguait deux sortes de merciers. Il y avait d'abord ceux qui allaient au loin chercher les marchandises précieuses; c'étaient ceux-là qui se rendaient dans ces curieuses foires, analogues à celles qui ont encore lieu en Russie, où les marchands de tous pays se retrouvaient pendant quelques semaines et d'où ils revenaient dans leur patrie avec

MARCHANDS AU XIVe SIÈCLE.
(D'après une miniature de la Bibliothèque nationale.)

des mulets chargés de ballots. Puis il y avait les merciers sédentaires, qui recevaient des premiers les marchandises coûteuses ou qui commandaient aux fabricants de la ville où ils se trouvaient les objets dont ils avaient besoin.

Si l'on veut savoir quel était l'assortiment d'un de ces merciers, il suffit de lire un curieux petit poème du xive siècle, intitulé le *dit du mercier*. Le poète fait parler le marchand qui énumère les articles que l'on trouve dans sa boutique; on y trouvait entassés pêle-mêle, si l'on juge de l'intérieur de cette maison de commerce par la description mal ordonnée qu'en fait le poète, des articles de toilette, des objets de coiffure, des vêtements, des bijoux, des jouets d'enfant, des ustensiles de ménage, des épices, des fruits, des tablettes pour écrire, des objets religieux, des instruments de musique, des hameçons pour les pêcheurs, des clochettes à mettre au cou des vaches, etc., etc. C'était, en un mot, un véritable bazar.

MAGASIN DE NOUVEAUTÉS SOUS LA RESTAURATION.

Au XVII\ siècle, quand les communications devinrent plus faciles, et que des produits plus nombreux purent s'entasser dans la boutique des merciers, la mercerie se partagea en une vingtaine de spécialités, et on eut ainsi des *marchands joailliers*, des *marchands quincailliers*, des *marchands papetiers*, des *marchands bimbelotiers*, qui vendaient des jouets d'enfants. Mais tous ces négociants avaient bien soin de faire précéder le nom du métier dont ils vendaient les produits du mot marchand pour rappeler qu'ils ne fabriquaient rien par eux-mêmes, et se mettre ainsi à l'abri des procès que les industriels n'auraient pas manqué de leur intenter.

Les merciers formaient une des corporations les plus estimées. Suivant les préjugés d'autrefois, comme ils ne travaillaient pas de leurs mains, ils passaient pour supérieurs aux ouvriers. « Le corps de la mercerie, dit un auteur du XVIIe siècle, est considéré comme le plus noble et le plus excellent de tous les corps de marchands, d'autant que ceux qui le composent ne travaillent point et ne font rien de la main. » On estimait alors en effet que le travail manuel n'inspirait aux ouvriers que des sentiments bas et vils, à cause de leur assiduité au travail et du souci constant où ils étaient de gagner ce qu'il leur fallait pour vivre.

MARCHAND DE RUBANS (XVIIe SIÈCLE).
(D'après une estampe du XVIIe siècle.)

Une autre raison de la considération où étaient les merciers, c'est qu'en général ils gagnaient beaucoup d'argent et que quelques-uns d'entre eux étaient fort riches.

Les merciers parisiens étaient groupés sur la rive droite au moyen âge ; les plus estimés se trouvaient, au XIIe siècle, rue Quincampoix, puis ils se rappro-

MAGASIN DE NOUVEAUTÉS AU DÉBUT DU XXᵉ SIÈCLE. (ÉTABLISSEMENTS DU BON MARCHÉ A PARIS.)
(D'après une photographie.)

chèrent des Halles où, d'ailleurs, depuis le règne de
Louis VII ils possédaient une place fixe. Plus tard
quelques-uns passèrent l'eau ; de bonne heure beaucoup d'entre eux s'installèrent au Palais de justice,
dans la galerie qui faisait face à la cour d'entrée.
Corneille a fait de cette galerie la scène d'une de ses
premières comédies. Au xviiie siècle, le plus célèbre
des magasins de mercerie, le Petit Dunkerque, se
trouvait sur le bord de l'eau, à l'angle du quai Conti
et de la rue Dauphine.

Si l'on veut trouver l'équivalent des merceries
d'autrefois, c'est évidemment dans nos grands
magasins de nouveautés qu'il faut l'aller chercher.
Mais, tandis que les merceries avant 1789 n'étaient
le plus souvent que des boutiques sombres, nos
magasins de nouveautés sont aujourd'hui de vrais
palais. Ce n'est pas du premier coup, d'ailleurs, qu'ils
sont arrivés à cette splendeur ; au temps de Louis-
Philippe, ils étaient encore petits et mesquins ; mais
avec la fin du second Empire ils s'agrandirent ; des
maisons, comme le Louvre ou le Bon Marché, célèbres
dans le monde entier, sont devenues, par suite du
renouvellement constant de leurs marchandises et de
leurs applications à suivre les mille changements de
la mode, de véritables expositions permanentes. Plus
heureux que l'acheteur du moyen âge, l'acheteur de
notre temps n'a pas besoin de se déplacer pour aller
au loin chercher les marchandises qui lui sont nécessaires ; il les voit dans les grands magasins accourir
pour ainsi dire à son ordre.

Les Imprimeurs [1].

ARMOIRIES DE LA CORPO-
RATION.

Il y avait déjà plus d'une vingtaine d'années que Gutemberg avait découvert l'imprimerie quand cette admirable invention fut introduite à Paris. Deux étrangers, qui professaient à la Sorbonne, un Allemand, Jean Heynlin, et un Savoyard, Guillaume Fichet, qui était alors le recteur de l'Université, s'avisèrent, en 1469, de faire venir dans la capitale trois habiles artisans de Bâle, Ulrich Gering, Michel Friburzer et Martin Crantz.

Ces gens montèrent un atelier dans les locaux mêmes de la Sorbonne, et, moins d'un an après leur installation, ils publiaient le premier livre imprimé en France, un recueil de lettres latines composées par un grammairien italien, profondément inconnu aujourd'hui. A la fin du volume, on avait inséré une pièce en vers latins, contenant l'éloge des trois imprimeurs. En voici la traduction : « Comme le soleil répand la lumière, toi, ville royale de Paris, nourrice des Muses, tu verses la science sur le monde. Reçois, toi qui t'en es montrée si digne, cet art d'écrire, presque divin, qu'inventa l'Allemagne. Voici les premiers livres qu'a produits cette industrie sur la terre de France et dans ton sein. Les maîtres Michel, Ulrich et Martin les ont imprimés et vont en imprimer d'autres[1]. »

Les trois étrangers avaient pris avec eux deux étudiants comme apprentis ; quand ces jeunes gens connurent les secrets du métier, ils abandonnèrent leurs maîtres et allèrent fonder une imprimerie rue Saint-Jacques à l'enseigne du Soufflet vert. Alors Gering et ses compagnons quittèrent à leur tour la Sorbonne et installèrent une autre imprimerie dans la même rue à l'enseigne du Soleil d'or.

GVILLERMVS. Fichetus parisiensis theologus doctor, Ioanni Lapidano Sorbonensis scholæ priori salutem, Misistis nuper ad me suauissimas Gasparini pergamensis epistolas, nõ a te modo diligent emẽdatas. sed a tuis quoqʒ gerⁱ manus impressoribus nitide & terse tra scriptas. Magnam tibi gratia gaspainus

FRAGMENT DES LETTRES DE .GASPARIN DE BERGAME (1470).

Paris, d'ailleurs, s'était laissé distancer par la province : car on sait aujourd'hui que dès 1440 il y avait au moins un imprimeur à Avignon, et d'autre part le premier livre imprimé en langue française parut à Lyon chez Barthélemy Buyer en 1467 ; c'était un livre de piété, *la Légende dorée.*

La nouvelle invention fut d'abord bien accueillie par le roi de France. Voyez en effet le bel éloge qu'en fait Louis XII dans le préambule de l'ordonnance par laquelle il rattachait les imprimeurs à la communauté des libraires : il se montrait favorable à la requête des imprimeurs, « pour la considération du

<hr>

1. Franklin. *Dict. historique des arts, métiers et professions exercés à Paris,* p. 594.

grand bien qui est advenu en notre royaume au moyen de l'art et science d'impression, l'invention de laquelle semble être plus divine qu'humaine, par laquelle notre sainte loi catholique a été grandement augmentée et corroborée, justice mieux entretenue et administrée, et le divin service plus honorable-

IMPRIMEURS FLAMANDS A LA FIN DU XVIᵉ SIÈCLE.
(Gravure en taille-douce de Stradan.)

ment et curieusement fait, dit et célébré, et au moyen de quoi tant de bonnes et salutaires doctrines ont été manifestées, communiquées et publiées ».

Mais, quand les huguenots utilisèrent l'art nouveau pour publier des livres hostiles à « la sainte foi catholique », nos rois changèrent d'avis, et celui qu'on a cependant surnommé le Père des lettres françaises, François Iᵉʳ, entreprit tout net de supprimer l'imprimerie en 1534 ; il défendit sous peine de la hart, c'est-à-dire sous peine d'être pendu, d'imprimer aucun livre en France. Mais le Parlement de Paris lui présenta de respectueuses remontrances à ce sujet, et le roi se contenta de décider que désormais il n'y aurait plus à Paris que 12 imprimeurs choisis par lui, qui seuls pourraient « imprimer, à Paris et non ailleurs, livres approuvés et nécessaires pour le bien de la chose publique ».

Mais bientôt l'imprimerie retrouva plus de crédit

PRESSE ROTATIVE MARINONI EN 1905.

à la cour de France. Charles IX rapporta en majeure partie l'ordonnance de son grand-père; et, au xviiᵉ siècle, en 1640, Louis XIII fonde et installe dans son palais du Louvre une imprimerie, qui fut chargée d'imprimer tous les actes du gouvernement royal et de « multiplier et répandre les principaux monuments de la religion et des lettres ». Cette imprimerie, alors *royale*, c'est aujourd'hui l'*Imprimerie Nationale*.

Jusqu'à la Révolution, les imprimeurs restèrent

soumis à de curieuses obligations; ils ne pouvaient s'installer hors du quartier de l'Université, et, pour obtenir la qualité de maîtres, ils devaient présenter un certificat du recteur de l'Université attestant qu'ils étaient instruits dans la langue latine et qu'ils savaient lire le grec.

Les premiers de nos imprimeurs n'auraient pas eu besoin de ce certificat, car, au xvie siècle, quelques-uns, comme les Étienne, comptèrent parmi les hommes les plus savants du temps; mais leurs successeurs ne se maintinrent pas à ce niveau et ils se contentèrent d'être d'habiles indus-triels, car de tout temps la France excella dans l'art de faire de beaux livres.

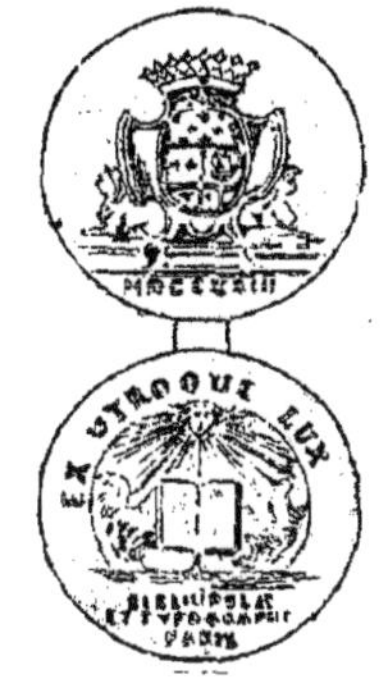

JETON DE LA
LA CORPORATION.

L'imprimerie n'exigea pas d'abord un grand matériel; l'inventaire d'un imprimeur de Troyes, fait en 1652, nous apprend qu'il suffisait à cet in-dustriel, pour imprimer, il est vrai, des livres popu-laires ou des livres de piété qui se vendaient à bon marché, d'une presse avec ses planches, d'un baquet de pierre et de deux appareils à fondre des carac-tères.

Il n'en est plus de même aujourd'hui; depuis les débuts du xixe siècle, dans cette industrie comme dans la plupart des autres, le travail à la machine a été substitué au travail à la main; ce sont maintenant d'énormes engins qui impriment par centaines de mille nos livres et par millions nos journaux, et au calme obscur de l'atelier d'autrefois a succédé l'as-sourdissant tic-tac de ces puissants outils.

Les Libraires.

MANUSCRIT DU XVᵉ SIÈCLE,
provenant d'un couvent du Wurtemberg,
ayant conservé la chaîne et l'anneau qui
servaient à l'enchaîner dans la bibliothèque
du couvent, les coins en bronze de la reliure
primitive et la plaque portant son titre.
(Bibliothèque Nationale.)

Pendant toute la première moitié du moyen âge, les livres furent écrits dans les couvents. Il y avait dans les monastères une salle qu'on appelait le *scriptorium*, c'est-à-dire l'endroit où l'on écrit, et là pendant de longues heures, silencieusement, des moines recopiaient les ouvrages des auteurs anciens, et les livres de piété qui formaient le fonds des maigres bibliothèques de ce temps. C'était une des occupations les plus en honneur dans les couvents, et ce qui prouve bien le cas qu'on en faisait, c'est qu'on croyait qu'un travail de ce genre pouvait sauver de l'enfer l'âme de celui qui s'y livrait. On trouve dans un chroniqueur du xie siècle, Orderic Vital, une plaisante histoire à ce sujet. Il y avait dans un couvent, raconte-t-il, un moine qui avait trop souvent manqué à la règle dans la maison ; l'abbé lui pardonnait cependant beaucoup d'erreurs dans sa conduite, car il savait écrire, il était assidu au travail, et il copia une grande partie de l'Écriture Sainte. Bien lui en prit, comme on va voir. Il mourut ; aussitôt les démons réclamèrent son âme ; mais alors les anges prirent sa défense ; ils montrèrent à Dieu l'énorme livre que leur client avait copié, et, chaque fois que les démons énuméraient un péché de l'âme qu'ils convoitaient, vite les anges mettaient en regard une des lettres du livre. A la fin le nombre des lettres se trouva de beaucoup supérieur à celui des péchés commis par le pauvre moine, et Dieu consentit à recevoir son âme au paradis.

Mais, à partir du xiiie siècle, le besoin d'un nombre plus grand de livres se fit sentir, car il s'était fondé en plusieurs villes, notamment à Paris, de grandes écoles où affluaient les étudiants qui réclamaient les livres nécessaires à leur travail. Des copistes, le plus souvent de pauvres prêtres, se mirent, eux aussi, à copier des manuscrits, et alors apparut la profession de libraire.

Il y avait alors deux sortes de libraires ; les premiers, qu'on appelait simplement *libraires*, recevaient en dépôt des manuscrits et les vendaient au public ; les autres, qu'on nommait *stationnaires*, d'un mot latin qui signifie étalage, commandaient eux-mêmes aux copistes les ouvrages dont ils voulaient avoir plusieurs exemplaires : ils correspondaient donc à nos éditeurs actuels. Il faut croire que la profession ne rapportait pas beaucoup, car, au xiiie siècle, la plupart des libraires étaient en même temps cabaretiers.

Les libraires faisaient partie de cette grande ins-
titution qu'on appelait l'Université ; ils devaient
prêter, au moins tous les deux ans, à celui qui était à
la tête de ce corps, le recteur, un serment dont
voici quelques passages.

« Vous jurez que fidèlement vous recevrez, gar-

CABINET DE TRAVAIL (XVe SIÈCLE).
Frontispice du livre des Miracles de Notre-Dame, de Jean Miélot.
(Bibliothèque Nationale.)

derez, exposerez en vente et vendrez les livres qui
vous seront confiés. Vous jurez que vous ne les
supprimerez ni ne les cacherez, mais que vous les
exposerez en temps et en lieu opportuns pour les
vendre. Vous jurez que si vous êtes consulté sur le
prix, vous l'estimerez de bonne foi, au prix où vous
voudriez le payer vous-même. Vous jurez enfin que
le nom et le prix du propriétaire seront placés en
évidence sur tout volume [1]. »

1. Franklin, *Dict. des arts, métiers et professions exercés à
Paris*, etc., p. 431.

On remarquera cette dernière clause ; elle nous apprend que, dans ce cas, le libraire était un intermédiaire entre celui qui avait écrit le livre, et qui en gardait la propriété, et l'acheteur ; ceux qui avaient

BOUTIQUE DE LIBRAIRE, DANS LA GALERIE DU PALAIS, A PARIS.
(D'après Abraham Bosse.)

copié des livres les mettaient donc en dépôt chez le libraire comme aujourd'hui quelques artistes confient à des marchands de tableaux leurs œuvres, laissant à ceux-ci le soin de les vendre.

On disait alors que les libraires étaient des *clients* ou des *suppôts* de l'Université ; à ce titre, ils jouis-

saient des mêmes droits que les professeurs et les
étudiants, et ils figuraient dans les processions reli-
gieuses, placés, il est vrai, tout à la queue du cor-
tège, avec les écrivains, les enlumineurs, les par-
cheminiers et les relieurs, qui faisaient partie avec
eux de la même corporation.

C'étaient là les avantages de cette situation; mais
elle avait aussi ses incon-
vénients. D'abord, les
libraires étaient tenus de
résider dans le quartier
de l'Université, quelques-
uns étaient groupés auprès
de la rue Saint-André-des-
Arts, où se trouvait l'église
dans laquelle leur confrérie
avait sa chapelle. Beaucoup
d'autres avaient leurs boutiques dans la rue Saint-
Jacques. On remarquera
d'ailleurs qu'encore au-
jourd'hui la plupart de
nos grands éditeurs sont

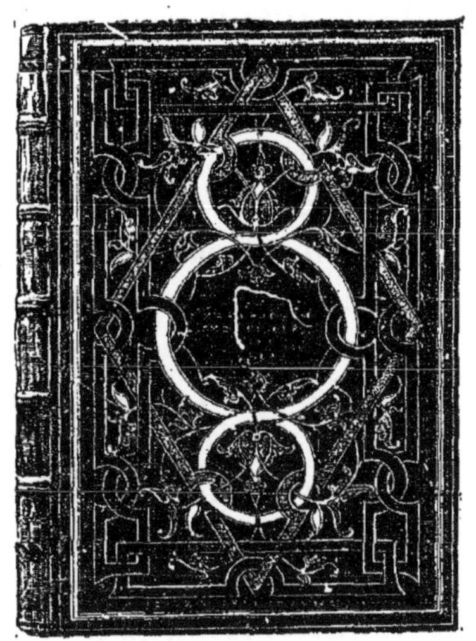

RELIURE DU XVIe SIÈCLE.
(Bibliothèque Nationale.)

demeurés sur la rive gauche. On ne faisait d'excep-
tions que pour ceux qui ne vendaient que des livres
de messe, de prière et de piété; ceux-là étaient autorisés à s'installer autour de l'église Notre-Dame.
Enfin l'Université reconnut à plusieurs d'entre eux, à
partir du xviie siècle, le droit de tenir boutique dans
la galerie du Palais, et c'est à leurs étalages que se
munirent de projectiles les fougueux combattants
dont Boileau nous a retracé les prodiges de valeur
dans son amusant *Lutrin.*

Il y avait d'autres prescriptions, les unes raison-

nables, comme celle de savoir le latin, les autres plus
bizarres, comme l'obligation où ils étaient d'allumer
tous les soirs les chandelles dans les lanternes
publiques; ils ne furent déchargés de cette obligation qu'à la fin du règne de Louis XIII.

Mais la plus redoutable des prescriptions aux-
quelles ils étaient soumis, c'est qu'ils ne pouvaient
publier aucun livre qui n'eût été approuvé par l'Université. A partir du xvɪe siècle, ce furent les rois qui
se chargèrent d'exercer cette surveillance; un livre
ne pouvait être imprimé qu'avec un visa des cen-
seurs royaux, et il ne fallait point négliger cette
précaution, car ceux qui l'omettaient risquaient,
suivant la nature des livres dont ils avaient accepté
le dépôt, de sévères châtiments et parfois même la
mort. Pendant la cruelle répression qui fut faite de
l'hérésie huguenote à Paris, sous le règne de François Iᵉʳ et d'Henri II, il y eut plusieurs libraires qui
furent brûlés de ce chef. Ce fut le cas du malheureux
Étienne Dolet, qui, comme beaucoup de libraires de
ce temps, était à la fois auteur, imprimeur et éditeur.

Les libraires avaient déjà comme concurrents les
bouquinistes. Un écrivain du début du xvɪɪɪe siècle
nous apprend que c'étaient de pauvres libraires qui,
n'ayant pas le moyen de tenir boutique ni de vendre
du neuf, étalaient de vieux livres sur le Pont-Neuf,
le long des quais et en quelques autres endroits de
la ville. Ils n'étaient pas plus riches alors qu'au
xvɪɪe siècle, si l'on en juge par la plaisante description
que l'on trouve de ces pauvres gens dans un de ces
pamphlets du temps de Mazarin, qu'on appelle à
cause de cela des Mazarinades. L'auteur les plaint
d'avoir été chassés de ce Pont-Neuf dont, suivant lui,
ils étaient un des ornements.

Ces pauvres gens chaque matin
Sur l'espoir d'un petit butin
Avecque toute leur famille,
Garçons, apprentifs, femme et fille,
Chargé leur col et pleins leur bras
D'un scientifique fatras,
Venaient dresser un étalage
Qui rendait plus beau le passage.

RELIURE DU XVIIIe SIÈCLE.
(Bibliothèque Nationale.)

Mais les libraires étaient impitoyables ; à maintes reprises, ils exigèrent des édits du roi pour chasser du Pont-Neuf et des quais ces misérables concurrents, qui ne tardaient pas d'ailleurs à venir reprendre possession de l'étalage dont ils avaient été chassés par la cupide jalousie de leurs puissants adversaires. Aujourd'hui cette vieille querelle est éteinte, et nos grands libraires laissent paisiblement les bouquinistes couvrir de leurs boîtes, souvent poudreuses, les deux rives de la Seine.

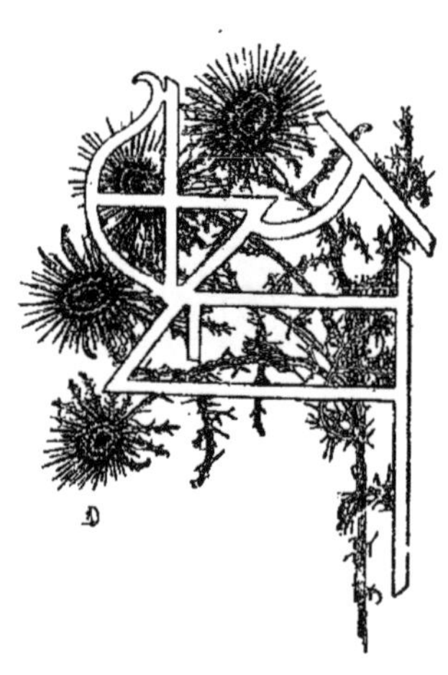

Les Chirurgiens.

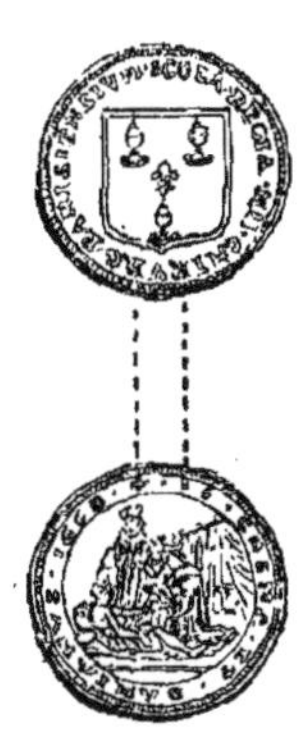

C'est une curieuse histoire que celle des chirurgiens. A l'origine, les chirurgiens faisaient partie de la corporation des barbiers ; on ne les considérait pas, en effet, au moyen âge, comme des savants, ainsi qu'on fait à juste titre aujourd'hui. A cette époque, les médecins se rattachaient à l'Église ; or, l'Église défend à ses membres de verser le sang ; les ecclésiastiques ne pouvaient donc faire la plus petite opération chirurgicale, et ils laissaient ce soin à des artisans comme les barbiers.

Mais, au xive siècle, ceux des barbiers qui se consacraient exclusivement à la chirurgie s'organisèrent en une confrérie, qu'ils placèrent sous la protection de deux saints qui, disait-on, avaient été, aux premiers temps du christianisme, chirurgiens en Arabie : saint Côme et saint Damien. Les papes approuvèrent leurs statuts, et voilà nos chirurgiens autorisés à prendre les mêmes titres que les médecins, à être comme eux bacheliers, licenciés et docteurs.

Ceci ne faisait point d'ailleurs l'affaire des méde-

cins, qui virent dans ces nouveaux venus des concurrents possibles, et qui voulurent les rejeter parmi les
barbiers. Les chirurgiens se défendirent, obtinrent
à plusieurs reprises de nos rois une confirmation de
leurs statuts, essayèrent même de se faire agréer des
médecins en faisant alliance avec eux. Rien n'y fit;
les médecins s'entêtèrent dans leur haine et fort

L'AMPUTATION,
(D'après une estampe du xvie siècle.)

méchammemt essayèrent de tourner les barbiers
contre les chirurgiens; ils leur firent des cours en
français, et les autorisèrent à prendre le titre de
chirurgiens-barbiers.

Alors, les chirurgiens firent une volte-face, et ils
se réconcilièrent avec les barbiers en 1655; barbiers
et chirurgiens ne formèrent plus qu'une corporation.
Aussitôt les médecins de triompher, et de crier
partout que les chirurgiens reconnaissaient eux-

mêmes leur incapacité d'être autre chose que des ouvriers ; en 1666, à leur requête, le Parlement de Paris rendait un arrêt qui interdisait à leurs anciens adversaires de prendre les mêmes titres qu'eux, de faire aucun cours public, et de porter robes et bonnets. Désormais le barbier du roi avait autorité sur

L'OPÉRATION DE LA SAIGNÉE.
(D'après une gravure en *taille-douce* d'Abraham Bosse, 1605-1678.)

les premiers chirurgiens de France. Louis XIV, qui avait du bon sens, comprit ce que cette situation avait de grotesque, et il donna l'ordre à son barbier de vendre ses droits à son premier chirurgien. Mais le premier chirurgien continuait à prêter serment chaque année entre les mains du premier médecin. La victoire des médecins était complète et un célèbre médecin poussait ce ridicule cri de joie : « Saint Luc a vaincu saint Côme ! » On sait que saint Luc était le patron des médecins.

Pendant près d'un siècle les médecins jouirent de leur triomphe. Mais, en 1731, le premier chirurgien de Louis XV, Maréchal, obtint l'autorisation de fonder une académie dont les membres se vouèrent exclusivement à l'étude de la chirurgie. En 1743, leur association avec les barbiers fut rompue. En 1750, ils furent réunis sur le même pied que les médecins

OPÉRATION DE LA CATARACTE FAITE EN PRÉSENCE DE CHARLES X PAR DUPUYTREN, DANS UNE SALLE DE L'HOTEL-DIEU A PARIS.
(Musée Carnavalet.)

« Les maîtres du collège de chirurgie, lit-on dans les statuts de 1750, jouiront des honneurs, distinctions, prérogatives et immunités dont jouissent ceux qui exercent les arts libéraux et scientifiques. » Ils étaient seulement tenus de faire mettre sur la porte de la maison où ils demeuraient leur nom et leur adresse, « comme aussi d'avoir une salle basse au rez-de-chaussée de la dite maison, où il y aura toujours un élève au moins, pour donner en l'absence du maître les secours nécessaires à ceux qui en auront besoin ».

Depuis ce temps, médecins et chirurgiens furent
réconciliés dans un commun amour de la science et

CHIRURGIEN AU XVIIIe SIÈCLE.
(D'après un tableau d'Adrien Brauwer, 1605-1638.)

dans un égal souci d'adoucir les souffrances de la
pauvre humanité.

La chirurgie a d'ailleurs fait, au courant du
XIXe siècle, d'admirables progrès; les chirurgiens ont
sans cesse élargi leur domaine; le temps n'est plus

où la saignée était la principale des opérations où les
médecins prétendaient enfermer l'activité des chirurgiens. D'autre part, la découverte, au milieu du
xixe siècle, de procédés qui insensibilisent le patient
et qui font perdre au milieu d'une opération le sen-
timent des plus vives douleurs, leur a permis d'aller
chercher le mal dans les parties les plus cachées du
corps. Les malades subissent aujourd'hui les plus
cruelles opérations presque sans souffrances; voyez,
au contraire, les cris de douleur qu'arrachait au
xviie siècle à un pauvre Flamand un simple coup de
bistouri dans un abcès.

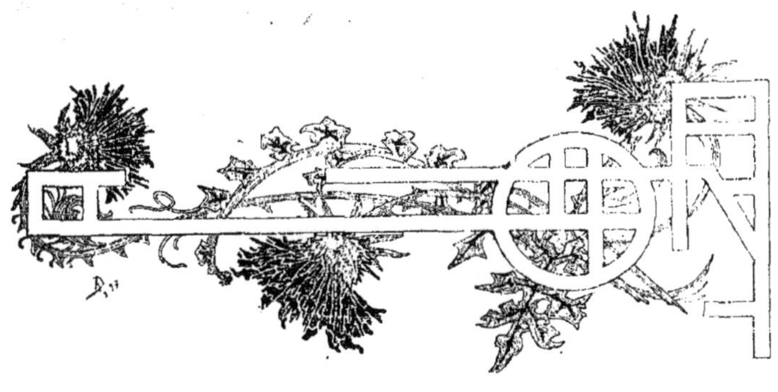

Les Apothicaires.

ARMOIRIES
DES PHARMACIENS.

L'histoire des apothicaires rappelle d'assez près celle des chirurgiens; comme ceux-ci d'ouvriers sont devenus des savants, les apothicaires sont passés d'un métier simplement commercial à une profession scientifique.

Les apothicaires furent d'abord mêlés aux épiciers; on se rappelle d'ailleurs que ceux-ci différaient beaucoup à l'origine de nos épiciers actuels. La séparation commença de se faire dès le XIVe siècle; alors, on distingua pour la première fois les épiciers apothicaires des simples épiciers, et aux premiers le roi Philippe VI donna des statuts très sages. Il y est interdit à tout épicier de pratiquer cette profession « s'il ne sait lire les ordonnances du médecin, ou s'il n'a autour de lui personne qui le sache faire »; il doit ne pas vendre de « médecines venimeuses, ou périlleuses »; il est tenu d'avoir chez soi un gros livre qu'on appelle « Antidotaire Nicolas »; c'était la traduction de l'œuvre d'un médecin grec du XIIIe siècle, Nicolas Myrepse, qui vivait à Alexandrie et qui avait dans cet ouvrage rassemblé 2656 formules.

VIEILLE ENSEIGNE
D'UN DROGUISTE
A LYON.

La distinction fut marquée mieux encore dans de nouvelles ordonnances de la fin du XVe siècle et du début du XVIe siècle; mais elle ne fut définitive qu'à partir de 1777. A cette date, les apothicaires durent se renfermer dans la confection, préparation, manipulation et vente des drogues simples et compositions médicinales. En outre, ils quittaient leur nom d'apothicaire pour prendre celui de pharmacien. Les statuts qui furent alors rédigés pour leur corporation avaient été faits

APOTHICAIRE FRANÇAIS, FIN DU
XVe SIÈCLE.
(D'après une miniature.)

avec beaucoup de sagesse, et, dans la loi qui, sous le Consulat, fut établie pour réorganiser après la Révolution la profession des pharmaciens, on n'a guère fait que copier les anciens statuts de la corporation.

Pendant longtemps, les apothicaires ont eu fort mauvaise réputation. On les accusait de n'être guère scrupuleux dans la vente de leurs drogues ou dans la préparation des médicaments. Écoutez, entre mille, les plaintes de cette bourgeoise du temps du roi Louis XIII : « J'ai demeuré, dit-elle, il y a quelque temps, chez un

apothicaire ; mais je ne lui ai vu employer que
des herbes que l'on racle souvent dans nos jar-
dins, et me souviens qu'un jour, comme j'étais à
la boutique, l'on envoya commander une médecine ;
l'apothicaire ne prit pas d'autres herbes ni ingrédients
que ces méchantes herbes. » A quoi sa commère
répond sans s'émouvoir : « Vraiment, Madame, il

BILLOT DE PHARMACIEN PARISIEN DATÉ DE **1614**.
(Musée de Cluny.)

ne faut pas s'en étonner, car, s'ils ne faisaient ainsi,
ils n'enrichiraient pas leurs enfants comme ils font. »

On leur reprochait leur cupidité. Rappelez-vous,
dans le *Malade imaginaire*, Argan vérifiant les
comptes de son apothicaire, monsieur Fleurant :
« Plus, du vingt-quatrième, un petit clystère insinuatif,
préparatif et remollient..... trente sols. Ah ! monsieur
Fleurant, il faut être raisonnable et ne pas écorcher
les malades. Trente sols un lavement ! Je suis votre
serviteur.... Vous ne me l'avez mis dans votre autre
compte qu'à vingt sols, et vingt sols, en langage
d'apothicaire, c'est-à-dire dix sols. »

Mais on ne songeait guère à leur reprocher l'étrangeté de leurs préparations; leur triomphe, c'était la

PHARMACIEN FAISANT UNE ANALYSE.

JETON
DE LA CONFRÉRIE
DES APOTHICAIRES.

confection de la Thériaque. Cet *alexipharmaque* ou chasse-poison, imaginé par le médecin romain Andromaque, renfermait cent substances végétales ou minérales qui, pilées et mélangées, passaient à l'état de pâte molle. Tous les ans, après exposition publique des matériaux qui devaient entrer dans la composition du remède, on procédait solennellement, sous les yeux de médecins délégués par la Faculté, à la composition de la drogue.

Il y a beau temps que les pharmaciens n'ont plus

à préparer pour leurs clients ces étranges mixtures;
ils ont renoncé à tout ce qui dans leur métier donnait
à leur art un appareil mystérieux, et ce sont aujour-
d'hui les modestes mais précieux collaborateurs de
nos médecins. Quelques-uns même ont leur place
dans la science, comme ceux qui, dans la première
moitié du xıxᵉ siècle, découvrirent la quinine, Pelle-
tier et Caventou, en l'honneur desquels on a élevé
il y a quelques années un monument sur une des
places de Paris.

Les Changeurs.

SCEAU DE BUREAU
DE DAMPMARTIN, CHANGEUR
ET BOURGEOIS DE PARIS.
(Archives Nationales.)

C'est bien modestement qu'a débuté dans la société moderne un commerce qui est devenu aujourd'hui le plus important de tous, le commerce de l'argent.

Il n'y avait pas, au moyen âge, de problème plus difficile pour les vendeurs et les acheteurs que de se reconnaître au milieu des monnaies si nombreuses que l'on rencontrait sur les marchés de notre pays. Chaque prince, chaque seigneur, chaque prélat, chaque abbé avait sa monnaie, car au nombre des droits des seigneurs suzerains figurait celui de battre monnaie. Il fallait donc savoir reconnaître les différents types et cela n'était pas aisé pour des gens dont la plupart ne savaient pas lire. Puis, en ce temps-là, il s'en fallait de beaucoup qu'on fût toujours honnête; l'histoire de nos rois est là pour nous apprendre que, jusqu'au xve siècle, plus d'un fit de la monnaie qui ne contenait pas l'exacte quantité d'or ou d'argent qu'il fallait pour qu'elle eût bien la valeur indiquée sur sa face ou sur son revers. Il était donc nécessaire de peser la monnaie, pour savoir si elle était bonne ou mauvaise.

Ces opérations étaient le travail des *changeurs*. Ils n'avaient pas besoin, pour exercer leur métier, d'une installation *compliquée*. Ils s'asseyaient sur un banc, ayant devant eux une petite table sur laquelle il y avait une balance et des piles de pièces de métal ; on leur apportait les pièces de monnaie : ils en déterminaient l'origine et la valeur, et plus d'une fois ils durent faire la transaction entre le client et l'acheteur, car ils étaient habitués à compter beaucoup et vite. Aujourd'hui encore, dans les pays d'Orient, où le niveau de l'instruction n'est pas plus élevé qu'il ne l'était en Occident au moyen âge, on retrouve des changeurs installés ainsi dans les ports et sur les marchés.

A Paris, les changeurs étaient groupés dès 1141 sur le *Grand Pont*, qui prit d'eux le nom de *Pont aux Changeurs* ou de *Pont au Change*, sous lequel il est encore aujourd'hui connu. Au xive siècle, les changeurs occupaient un côté du pont et les orfèvres l'autre. Au xvie siècle, il n'y avait plus que cinq ou six changeurs, et ils avaient en partie modifié l'objet de leur commerce ; sous la garantie du roi, ils faisaient le trafic de toutes les matières précieuses. Le change des monnaies avait cessé d'être la principale de leurs opérations, parce que, depuis le règne de saint Louis, les rois de France s'étaient attribué le droit de battre seuls la monnaie nécessaire au royaume.

La frappe en était confiée aux *monnayeurs* ; à l'origine les monnayeurs fabriquaient les pièces dans le palais même du roi : aussi se déplaçaient-ils avec le souverain. Quand la frappe de la monnaie fut devenue une grosse opération par suite de l'extension du royaume, les monnayeurs furent installés à Paris; mais leurs ateliers demeurèrent toujours auprès du palais des rois. Sous le règne de Henri II, le moulin où la monnaie était frappée était établi sur le bord de la Seine, à l'extrémité d'une des îles qui furent réunies

CHANGEURS ITALIENS AU XIV⁰ SIÈCLE.
(D'après une fresque.)

à la cité quand on construisit le Pont-Neuf. Louis XIII installa cette industrie dans la grande galerie du Louvre en 1637. Au xviiiᵉ siècle, elle fut transférée sur l'autre rive de la Seine auprès du Pont-Neuf, et c'est là encore qu'a lieu aujourd'hui la frappe de la monnaie dans le bel établissement construit sous le règne de Louis XV par l'architecte Antoine. Celui qui donnait le dessin des monnaies était appelé *tailleur général des monnaies* ou *graveur général*; cette fonction avait été créée en 1567. « On a toujours l'attention, écrit un vieil auteur, de choisir pour tailleur général l'artiste le plus habile dans son art. » Aussi la suite des monnaies françaises depuis le xiiie siècle fait-elle une collection d'une grande valeur artistique.

Voici, entre mille autres, les beaux *deniers d'or* de saint Louis, d'un si large dessin. Le règne de Philippe VI nous vaut le pittoresque *parisis d'or*. Avec le xvie siècle les types se perfectionnent, grâce au goût délicat de François Ier qui se préoccupa tout particulièrement de la valeur artistique de ses monnaies : aussi lui doit-on la belle série des *testons d'argent* où apparaît à la face ses traits énergiquement dessinés et au revers l'amusant dauphin. Le xviie siècle nous fournit les beaux *écus d'or* de Henri IV, d'une large composition décorative, et toute la suite des *écus* de Louis XIV dont un des plus beaux types est *l'écu d'argent aux trois couronnes*. C'est aussi à cette époque que l'on commença à frapper les *louis*, dont le xviiie siècle nous a laissé de jolis types, tels que le *louis aux lunettes*. Enfin avec la République et l'Empire apparaissent les pièces modernes dont le dernier spécimen est l'exquise *Semeuse* de M. Roty, qui ne le cède en rien en valeur d'art aux pièces antérieures.

De tous temps, la fabrication de la fausse monnaie fut un des crimes les plus sévèrement punis par nos lois. A l'époque de saint Louis, les faux monnayeurs avaient les yeux crevés. Deux siècles plus tard, ils étaient condamnés à périr dans l'eau bouillante. En 1486 l'orfèvre Louis Secrétain, à Tours, convaincu d'avoir fait de la fausse monnaie, subit ce cruel châtiment. Sur la place, on avait installé une énorme cuve remplie d'eau au-dessus d'un brasier. On y jeta le malheureux ; l'eau n'était pas encore tout à fait bouillante ; le misérable put se débattre, il se délivra de ses entraves, et tenta de sortir de la cuve ; le bourreau, armé d'une fourche en fer, s'efforçait de

MONNAIE D'OR DE PHILIPPE VI, ROI DE FRANCE.
(1328-1350).

DENIER D'OR DE
LOUIS IX
(1226-1270).

MONNAIE D'ARGENT DE FRANÇOIS Ier (1515-1547).
(Face et revers.)

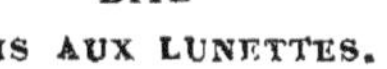

MONNAIE D'OR DE LOUIS XVI
(1774-1793)
DITE
LOUIS AUX LUNETTES.

MONNAIE DE HENRI IV,
DOUBLE ÉCU D'OR.
(Face et revers.)

LA SEMEUSE
(1898).

MONNAIE DE LOUIS XIV,
ÉCU D'ARGENT
AUX TROIS COURONNES.
(Face et revers.)

l'y replonger en le frappant de violents coups sur la tête. La foule s'émut à cet horrible spectacle, et prit fait et cause pour le condamné. Il s'ensuivit une échauffourée, le bourreau fut tué et Secrétain délivré. Il se réfugia dans une église voisine où il resta usant du droit d'asile jusqu'au jour où le roi lui fit grâce. En 1521, deux faux monnayeurs furent encore « bou-

BANQUIER VERS 1700.
(D'après une gravure en taille-douce de Landry.)

lus », comme on disait alors, à Paris, sur le marché aux Pourceaux, près la porte Saint-Honoré.

Les *banquiers* ont succédé aux changeurs et le change n'est plus qu'une de leurs opérations accessoires. Leur nom même rappelle le matériel de leurs prédécesseurs, car le mot banque dérive du mot italien *banca*, banc, par lequel on désignait le banc sur lequel s'asseyaient les changeurs. Qu'il y a loin de ce banc aux palais immenses où sont installées nos banques modernes! Elles aussi furent d'abord de modestes comptoirs; créées par les Vénitiens au xıvᵉ siècle pour faciliter les transactions, elles se développèrent dans les grands pays commerçants du xvıᵉ et du xvııᵉ siècles, en Hollande et en Angleterre. La première banque qui fit les trois grands types d'opérations de ces

maisons fut la banque royale de Londres; fondée
en 1696. Elle gardait en dépôt l'argent qu'on lui
confiait en donnant un intérêt au dépositaire; elle
payait les effets de commerce sous réserve d'une

FAÇADE DU COMPTOIR D'ESCOMPTE DE PARIS.
(D'après une photographie.)

petite somme pour se dédommager de ses frais
et de ses avances : c'est l'escompte; enfin elle émit
des billets de banque. Ces nouveautés furent intro-
duites en France par le financier écossais Law, sous
la Régence. Mais il fallut attendre le premier

Empire pour voir fonctionner régulièrement une banque sur le modèle de la banque de Londres. Ce fut la Banque de France. Depuis ce temps, de nombreux établissements financiers se sont fondés en France, surtout sous le second Empire. Que l'on jette un coup d'œil sur la façade du Comptoir d'Escompte à Paris dont nous donnons ici la vue, et l'on pourra se faire une idée de l'importance acquise par ces maisons et se représenter le chemin parcouru par le commerce de l'argent depuis le temps où le changeur s'asseyait modestement sur son petit banc devant sa petite table.

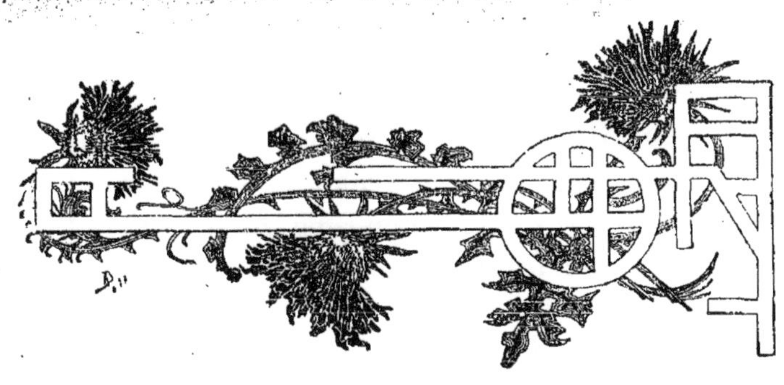

Les Peintres.

PEINTURE MURALE A
L'ÉGLISE DE SAINT-QUIRIACE,
A PROVINS.
(Gélis Didot et Laffillée.)

On étonnerait bien nos jeunes artistes en leur apprenant qu'ils furent longtemps considérés comme de simples artisans.

C'est à ce titre qu'ils figurent en une corporation des *imagiers-peintres* au Livre des métiers; la corporation comprenait alors tous ceux qui à un titre quelconque maniaient le pinceau et, au début du xviie siècle, les peintres en bâtiment y voisinaient encore avec les artistes les plus aimés de la cour et de la noblesse. Les statuts de la corporation autorisaient les imagiers-peintres à « peindre sur toutes matières de bois, de pierre, de corne et d'ivoire ». Pour comprendre cette autorisation, il faut savoir que les peintres du moyen âge étaient surtout décorateurs. Ils coloriaient et doraient ces statues que nous sommes habitués à voir dans nos églises ou dans nos musées, aujourd'hui privées de ces colorations qui expliquaient leurs vêtements ou qui rendaient plus expressifs les traits de leur visage; ils peignaient aussi ces plaquettes d'ivoire qui servaient de fonds aux miroirs ou de couvercles aux boîtes. Ils décoraient enfin d'ornements variés jusqu'aux selles des chevaliers. Ils étaient si bien considérés comme des artisans que les enlumineurs de manuscrits, ceux qui y ont peint ces petites scènes qu'on appelle miniatures, se rattachaient à une autre corporation, celle des libraires.

Néanmoins, comme la majeure partie des travaux de nos peintres consistait encore dans la décoration des églises ou des objets du culte, ils formaient une corporation estimée et, à ce titre, ils avaient entre autres privilèges, à Paris, celui d'être exemptés du service du guet, parce que, lit-on dans leurs statuts, « leur métier n'appartient fors que au service de Notre-Seigneur et à l'honorance de Sainte-Église ».

Ils restèrent dans cette situation jusqu'au milieu du xviie siècle; cela n'empêchait pas d'ailleurs les plus distingués d'entre eux d'acquérir parfois la richesse et d'avoir la faveur des grands ou du roi. Leur condition s'améliora dès le xive siècle; un des plus célèbres peintres de ce temps, Jean Coste, peignait à la cour de Charles V avec le titre de sergent d'armes. Sous le règne de François Ier, le célèbre Clouet, qui nous a laissé un si beau portrait de ce roi, avait servi de valet de chambre. A ce titre il servait la cour, sans exercer bien entendu la fonction que cette expression éveille à notre esprit aujourd'hui, mais en bénéficiant des avantages qu'elle comportait, c'est-à-dire du logement, de la table et d'un traitement.

Cependant, au milieu du xviie siècle, les artistes les plus qualifiés commencèrent à se lasser d'être mis dans leur corporation sur le même pied que

ATELIER DE PEINTRE FLAMAND, A LA FIN DU XVIᵉ SIÈCLE.
(D'après une gravure de Stradan, conservée à la Bibliothèque Nationale.)

d'humbles artisans; presque tous étaient alors de familles bourgeoises, et les riches bourgeois parisiens (voyez plutôt M. Jourdain) n'avaient qu'un souci, celui de ne pas se confondre avec les gens du peuple, que, à l'imitation des nobles, leurs modèles, ils appelaient volontiers des manants ou des croquants. Puis il faut bien dire que la corporation se montrait fort tracassière, qu'elle prétendait soumettre les peintres en renom à ses vieux usages, et qu'elle exigeait de ceux qui voulaient devenir maîtres de grosses sommes d'argent.

En 1648, grâce à l'initiative du célèbre peintre Lebrun, une compagnie fut créée qui prit le nom d'Académie de peinture et de sculpture. Elle se réservait le droit de choisir ses membres et elle ouvrit une école où l'on enseignait aux jeunes gens à dessiner d'après le modèle vivant. Aussitôt la vieille corporation protesta, et, contre cette nouveauté, elle imagina d'instituer une école rivale, où elle offrit aux jeunes gens le même enseignement gratuitement, alors que l'Académie demandait une légère rétribution. Puis un long procès s'engagea devant le Parlement, procès qui se termina seulement en 1663 par la victoire de l'Académie de peinture. Désormais celle-ci fut installée au Louvre; le roi lui accorda la jouissance de la belle galerie dite galerie d'Apollon, qui devint bientôt un admirable musée de peinture et de sculpture, car, pour être reçu à l'Académie, il fallait présenter au suffrage des membres de cette compagnie un tableau ou une sculpture, et si l'auteur était admis, son œuvre prenait rang dans cette galerie. Un grand nombre des tableaux et des sculptures aujourd'hui conservés au musée du Louvre proviennent ainsi de la collection des morceaux de réception de l'ancienne académie.

A partir de 1667 les membres de l'Académie prirent l'habitude de faire une exposition de leurs œuvres :

ce fut l'origine de notre Salon. Elle avait lieu tous les deux ans et elle ne comprenait que les œuvres des membres de l'Académie qui étaient au nombre de quarante. Cette exposition se faisait dans la grande galerie du rez-de-chaussée du Louvre; à la fin du

UN PEINTRE AU XVIIe SIÈCLE.
PORTRAIT DE M. COYPEL ET DE SON FILS, PEINT PAR LUI-MÊME.
(Bibliothèque Nationale.)

xviiie siècle, elle avait lieu dans le « salon carré » de ce château, et c'est là l'origine du nom que nous donnons encore aujourd'hui aux expositions d'œuvres d'art. A cette époque, cette exhibition attirait de nombreux visiteurs. « On y accourt en foule, écrit un littérateur de ce temps, Sébastien Mercier, dans son fameux Tableau de Paris; les flots du peuple, pendant six semaines entières, ne tarissent point du matin au soir; il y a des heures où on étouffe. »

Le règlement de cette exposition fut modifié par l'Assemblée Constituante. Le droit que se réservaient les académiciens d'être seuls à exposer leurs œuvres au public était un privilège. L'Assemblée, qui voulait

PEINTRE (SAINT LUC) A SON CHEVALET.
(D'après une miniature conservée à la Bibliothèque de Venise.)

les supprimer tous, décida en 1791 que désormais l'exposition serait ouverte à tous les artistes français et étrangers, membres ou non de l'Académie de peinture et de sculpture. La Convention fit mieux encore : en 1793 elle supprima l'Académie de peinture en même temps que toutes les autres. Puis elle décida que les artistes nommeraient entre eux une commission qui décernerait des récompenses aux œuvres réputées les meilleures. C'est l'origine du jury actuel de peinture. A la place de l'Académie, il se fonda en 1793 une « Société populaire et républicaine des arts » qui tint ses séances également au Louvre ; le fougueux révolutionnaire, le peintre David, y prononça des

LE SALON DE 1785.

(D'après une gravure en taille-douce anonyme, conservée à la Bibliothèque Nationale.)

harangues enflammées où la politique avait souvent
plus de place que les beaux-arts.

Mais qu'était devenue l'ancienne corporation? Après
la victoire de l'Académie de peinture, elle s'était
reformée en une autre communauté, qui prit le nom
d'Académie de Saint-Luc; ce saint avait été considéré au moyen âge comme le patron des peintres,

ATELIER D'ARTISTE AU XIX° SIÈCLE.
ATELIER DE BENJAMIN CONSTANT (1845-1902).
(D'après une photographie.)

car on croyait qu'il avait été lui-même peintre, quoi-
que en réalité ce fût un médecin. A cause de cette
erreur, nos vieux maîtres l'ont souvent naïvement
représenté en train de peindre l'enfant Jésus ou la
Vierge Marie. L'Académie, qui ne sut point attirer à
elle les hommes de talent, végéta et elle fut supprimée,
sans que presque personne s'aperçût de sa disparition
en 1777.

Aujourd'hui la profession de peintre est une des
plus estimées de notre société contemporaine. La
France s'enorgueillit de compter quelques-uns des
plus célèbres artistes de ce temps. Aussi un grand
nombre de jeunes gens embrassent-ils cette carrière
qui, pour les plus heureux d'entre eux, peut devenir
à la fois honorée et lucrative.

TABLE DES MATIÈRES

171-08. — Coulommiers. Imp Paul BRODARD. — 3-08.

www.ingramcontent.com/pod-product-compliance
Ingram Content Group UK Ltd.
Pitfield, Milton Keynes, MK11 3LW, UK
UKHW020206130726
13696UKWH00002B/743